大是文化

當你沒有新鮮的肝——

不當主管你會更累

怕累、怕煩、不想扛責？35 年資歷的人資主管分享，為何你在 45 歲前，該逼自己當個清、濁二刀流主管！

出世のお作法 45歳からの「清」「濁」二刀流リーダーシップ

曾任日本資誠集團人事部董事總經理
35 年人才培訓經驗
日本金澤工業大學研究所客座教授

鳥谷陽一 ◎ 著　黃怡菁 ◎ 譯

目錄

推薦序一

忍得了、狠得了、扛得住，領導路上的必經試煉

湧動教練學校創辦人、《複利領導》作者／賴婷婷

前言的第一段話：「我就直接開門見山了，我希望你至少也能逼自己當一次主管。」這麼直白的開場，讓我也忍不住想分享近來授課時常提到的一段話：「笨蛋／惡魔老闆不見得會離開，笨蛋／惡魔部屬也不見得會離開，能改變的只有自己，你可以選擇相信這一切，都是為了更好的自己與未來所做的準備。」當主管不容易，但我真心覺得當部屬也沒有比較簡單。

對我而言，往上爬的目的，除了很現實的薪酬提升，**還代表自由度的擴**

展：我有話語權，我的聲音更有機會被聽見，我能夠在一定範圍內擁有主導權，測試自己的決策脈絡與做事方法，而不是大多數時候只能依據他人的指示行動。

我很喜歡作者提到的「清與濁」概念（按：說明請見第二十頁），領導者就是在實現自我與利益他人的路上持續創造與體會。回想我的職涯發展，大致可以收斂為**忍人所不能忍、扛人所不能扛、狠人所不能狠**，而這三種心態的鍛鍊與呈現為：

- 忍得了，代表不是所有時刻都是舒服的、討喜的、甘願的，但因為非常清楚自己想要做什麼，所以願意承擔，這是清。
- 狠得了，是指面對詭譎的前方，能在艱難的處境下做出決策，使整體更好，但對自己或某些人必須夠犀利，甚至無情；做得到不開後門、不留退路，即使弄髒手，也要達成結果，這是濁。
- 扛得住，是因為團隊成員的工作意願與能力參差不齊，但公司交付的任務或目標可不會因此降低標準，他們還在育成時，誰擋？當然是頂頭上司，一邊對夥伴的成長感到欣慰，一邊對伴隨管理範疇擴大而來的壓力，感到混亂與辛苦。

然而，當我發現不論挑戰多大，我仍吃得下、睡得著時，我知道自己已經練成某些工夫，可以更支持自己看風景、走天下，這是清與濁的共存。

領導者就是一種角色，而人生的角色可不只一、兩個，重點不是完全遵循書裡或他人的建議，而是看見自己在選擇、調整、執行不同選項時，自己所經歷的情緒糾結與思考路徑，這樣就能一次又一次的淬鍊出有效性，然後在其他各種角色中，更有機會創造出你要的成果。

（本文作者現職為領導力教練、組織發展顧問，擅長透過落地工具系統性育成領導梯隊與優化組織效能，協助企業由一走到十的歷程。擔任多家知名企業的組織發展顧問與領導力教練，著有《複利領導》、《敏感度領導》。）

推薦序二

突破自己的職場框架

國立成功大學教授、暢銷書《先降噪，再聚焦》作者／洪瀞

當我翻閱《當你沒有新鮮的肝——不當主管你會更累》這本書時，很快就對作者的幾句話產生了深刻的共鳴，當你沒有新鮮的肝，更要以晉升管理職、帶領部屬為目標。

這句話似乎違反一般人對職涯發展的直覺，畢竟，主管職通常意味著更巨大的責任與壓力。然而，**本書一開始便直搗升遷背後的機制，並分析如何在職涯發展中主動升級，適應新角色與挑戰，而非受限於既有的框架**。

其實，這正是每位職場工作者都該深思的課題。

我曾聽聞，一位大學教授因排斥行政職責，索性待在副教授層級，不願升

等為正教授。其實，這種選擇並不罕見。在學術界，晉升通常意味著行政管理責任的增加，並且會壓縮原本可用於研究與教學的時間。此外，許多學者亦未受過正式的管理訓練，學校在這方面，也不會特別鼓勵教師培養相關能力。因此，當升遷後須帶領團隊、參與決策，甚至肩負學校發展的營運時，許多學者自然會偏好維持現狀。

類似情況也廣泛存在於企業環境。

許多公司在員工晉升後，才開始思考與提供正規的管理訓練。然而，無論培訓設計得多完善，**最關鍵的管理能力仍來自於實戰經驗的累積**，但這些經驗在早期階段往往被忽略。這也解釋了為何許多技術專才在升遷後不適應，甚至選擇留在熟悉的職位與工作。在業界，我也確實聽聞不少人寧願長期擔任工程師，而不願晉升主管，其原因就在於管理職務帶來的全新挑戰與責任。

書中的幾句話也讓我感觸頗深，其實，被主管拒絕才是磨練自身能力的最好機會；而升遷並非單純的權力與責任轉變，更是一次次重新塑造職業角色的過程。

很多時候，當我們的建議被拒絕時，心中難免湧現沮喪，甚至對未來的提案失去信心。作者強調，這些「被拒絕的經驗」正是磨練領導能力與升遷資格的寶貴機會。

因為，當提案未被接受時，才是你反思並理解主管拒絕理由的時刻；這些理由反映了組織內部決策的底層邏輯。學會解讀拒絕背後的思考模式，不僅能幫助我們更深入理解組織運作，也讓未來的提案更具說服力與戰略價值。

如果你能將這些經驗以及書中的重點內化，並思考如何調整自己，所有的過程與職場經歷，都將成為你未來晉升和帶領團隊的重要智慧。

此外，我也很喜歡書末收錄五位領導者，從拒絕升遷到出人頭地的故事。

我相信，本書適合所有對職涯發展感到困惑的專業人士，**無論是面臨升遷壓力的員工，還是希望突破或保持現有層級的人，都能從中獲得深刻的啟發**。

尤其是在抉擇升遷時，本書將為你帶來新的視角、思考與動機，幫助你釐清職場上的各種選擇，並做出更符合自己長期發展的決策，在此誠摯推薦給各位讀者。

（本文作者為國立成功大學土木工程學系教授、美國哥倫比亞大學〔Columbia University〕博士。學術與職場經歷橫跨全球頂尖學府與產業前沿，曾任美國史丹佛大學〔Stanford University〕、京都大學客座教授。擅長以科學思維剖析人生課題，著有《自己的力學》、《先降噪，再聚焦》等書。）

前言
運用二刀流思維，逼自己當一次主管

我就直接開門見山了，本書最想傳達給各位讀者的是：對公司及社會而言，誰的升遷，才能真正為周遭人帶來幸福？

當然，還有就是——我希望你至少也能逼自己當一次主管。

若上述這些話，讓你多少有些共鳴，請務必繼續閱讀本書，並進一步思考、學習，然後實踐。

所謂晉升的禮儀，就是指有資格晉升的人所必備的思考、行動模式。當然，專業知識與技能、心理素質等，這些也都包含在內。不過，更正確的說法是：涵蓋上述條件的處世彈性。在書中，我會詳細加以說明。

那麼，所謂的晉升，到底是指什麼？

晉升，指的是獲得較高的社會地位或公司職位。簡單來說，就是變得很了不起。

企業中的業務人士，在升任組長、課長（按：類似臺灣的部門主管）、部長（按：等同於經理）等職位時，能感受到自己在公司的地位逐漸上升，並進一步提高自我的價值。

如果你也希望自己可以被拔擢要職，千萬不要錯過《當你沒有新鮮的肝——不當主管你會更累》，因為我寫這本書的目的就是要幫助你獲得晉升。

「但是，升遷真的那麼重要嗎？」

有些人或許會這樣想，或是對外聲稱自己對升官、升職不感興趣。

如果大多數人都這麼想，在競爭對手減少的情況下，追求出人頭地應該會相對輕鬆吧？很可惜，現實並非如此。

先不提原本就對高位虎視眈眈的人，還有一心只想出人頭地的人，事實上，仍有不少人在職場上互相廝殺、鬥爭。

你會發現，隨著職位越來越高，競爭對手也越來越難應付。**升遷之路，確**

實充滿了挑戰。

或許，就是因為這樣，很多人乾脆對外宣稱自己對當主管沒興趣，讓自己不必捲入職場鬥爭。如此一來，既能保住自尊心，心態上也比較輕鬆。但是，我們也不能忽略，一旦升遷，薪水也會隨之增加。而更多的金錢，將使我們的生活變得更有餘裕。

晉升的好處還不只如此。

當上主管後，你可以交辦工作給部屬，並透過成果獲得更大的成就感。如果團隊表現出色，甚至獲得上層的肯定，一旦士氣大增，你不僅能與夥伴分享喜悅，同時也能增加自身價值。

在本書中，我將透過許多實例，帶領各位讀者一起思考晉升的意義（為什麼要在企業組織中提升自己的地位）。

或許有些人對晉升持有負面印象，認為必須踩著別人往上爬。

在培訓高階主管教練（Executive Coaching）時，我所接觸的學員們當中，確實有不少人表示，自己就是因為不喜歡勾心鬥角，所以才對當主管不感興趣，也不求晉升。

然而，當我向他們逐一解釋成為領導者的意義，例如：帶領夥伴、改善社會及企業，他們的想法及行動，就有了明顯的改變——一位領導者就此誕生。

若能理解並貫徹晉升的意義，成為一位讓周圍人獲得幸福的領導者，這是最理想的狀況，可惜現實往往格外艱難（這也是我執筆本書的原因，希望能拋磚引玉）。

難道光是努力工作，無法出人頭地嗎？現實就是如此。

與對手競爭時，為了先發制人，除了知己知彼，你還必須具備巧妙、聰明的特質，有時還得耍些小手段。

換句話說，**「清」與「濁」必須共存，我將此概念稱為「二刀流」領導學**。

坦白說，我並非職涯規畫專家。只是由於長年擔任高階主管教練，深知職場眉角，因此只能算是為職場升遷指點迷津的專家。

作為一名外部高階主管教練，我長期深入參與企業管理階層與人事單位的人事規畫，尤其是針對該企業想要拔擢的人才，我提供了相當深入的協助。比方說，什麼樣的人才、哪種思考與行為模式，有助於獲得晉升，並藉此歸納出一套法則。

事實上，有些人很優秀卻無法獲得晉升，而有些人明明表現得不怎麼樣（先不論當事人的工作能力），卻出人頭地，這樣的例子也不在少數。

「乖乖當上司的應聲蟲就能升官」、「一切只看上司喜不喜歡你這個人」、「想升遷就得為公司犧牲奉獻，連私人時間也沒有」等，我完全無意宣揚這類既粗淺又偏頗的觀念。這些言論並無實質意義，也解決不了問題，頂多只能算是自我安慰而已。

我在撰寫本書時，更重視的是實際案例，提供我自己認同的觀點，以及真正具有參考價值的內容。畢竟，晉升也代表你會有所得失。

然而，這並不代表最受大家歡迎的人，就一定會獲得青睞。**在所有企業中，從來就不是根據人氣來決定升遷人選**。

這是因為，就某種意義而言，「出人頭地」代表未來將充滿艱難與壓力。有時，**你甚至不得不對疼愛的部屬扮黑臉。而且，這種情況只會一再發生**。

換句話說，你會越來越孤獨。

正因為如此，追求晉升，就必須擁有明確的目標（志向）：相信自己藉由晉升能帶給其他人幸福，並且願意接受挑戰。

本書還有另一個很重要的概念：清與濁。「清」，指的是身為領導者所應具備的志向、同理心、深厚的人情，也就是利他（按：強調在人們之間的無私奉獻，努力幫助他人，而不期待任何回報或利益）。

另一方面，濁則是指，身為領導者也應具備的奸巧、嚴格、執著等特質，雖然字面上的意思有點負面，但實際上卻具有正面意義，我將在後文進一步詳細說明。

請各位務必建立清與濁這兩個全然不同的觀念，我相信無論是現在，還是未來，一定都能為你帶來莫大的幫助，更希望各位能閱讀到最後。

序章

主管必備七大武器

本書將先介紹主管必備的七大武器，也是是各章節的概要，方便大家先了解各章節主旨。

武器1：遇到難搞部屬，你得有拔刀砍人的勇氣（第一章）

有句話說：「說之以理，動之以情。」在上位者與部屬溝通時，應以客觀冷靜的態度闡明道理，再適時訴諸情感，展現柔性的一面。

如此一來，不僅能讓部屬聽進去，更能激發他們的執行力。

舉例來說，你可以公開表示：「我是這個部門的負責人，你們是團隊的一員，請大家聽從指示。」但偶爾也可以直接說：「我需要你的協助。」

這種訴諸情感的說法，正是溝通的技巧。

但是，總是會有人完全不為所動。例如，屆齡退休的資深員工、二度就業，或是表現不好被降薪，導致失去工作幹勁或熱忱的人。

尤其，當對方是曾經關照過你的前輩，現在卻變成你的部屬，在這種情況下，即便只是對他下達簡單的指令，仍可能讓你感到難以啟齒。然而，當對方於理、於情都不為所動時，就必須使出最後手段，也就是「拔刀」。

所謂的「刀」，指的就是對於不遵從上司命令的人，給予懲處，責任者適時展現出強硬的態度。

但，這不僅僅是單純的口頭威脅而已，你得要有實際行動。

在這個章節中，你將學到如何運用上位者的權限。

武器2：帶人，有時要強硬、有時要彈性（第二章）

許多主管們都不希望自己被部屬討厭。但是，在組織中，受歡迎並非管理職的首要條件；也**不會因為某人很受到歡迎，高層就拔擢他晉升要職**。事實上，站在企業經營者的角度，這類型的主管反而會被認為，只是受到部屬歡迎，並不代表工作能力好。

企業層級越高，這種情況就越明顯。換句話說，想晉升高層，受歡迎與否無關緊要，能否做出成果，才是重點。因此，當企業在評估晉升人選時，真正的關鍵是：**你能否無視私情、公正的做出重大決定？**

若不以此為判斷基準，組織就無法順利發展。這可說是領導者的宿命，但為了出人頭地，真的有必要做到這種地步嗎？

本章將帶你了解，成為主管前，應先做好哪些心理準備。

武器3：劃清上下界線，你才不會自己累到死（第三章）

很多人會擔心：昨天我還跟同事一起講主管的壞話，沒想到今天就被告知升任課長，以後該怎麼帶人？

另外，也有不少人，因為擔心被部屬指責言行前後不一，因此不想說出或做出跟以前立場相悖的言論或舉動。

然而，當位置改變時，言行勢必也要跟著改變，不必害怕與過去的自己不同，這是很重要的心態。**能放下過去並專注於眼前，這是成功領導者的必備條件**。在這個章節中，我們將了解與過去劃清界線的重要性，包括和以前的同事和過去的自己。

武器4：厲害主管都在用的底層邏輯（第四章）

想追上優秀的上司，取決於你能否爭取到更多機會，直接且具體學習他的思維及決策背景。

為了達到這個目的，你可以多提案，然後分析被拒絕的原因，找出自己的不足。

當然，當一個人的意見被否定時，一定會產生「公司哪管員工死活」、「大頭們的意見最惹人厭」、「只會提不合理的要求」等負面情緒。事實上，沒有人會教你的晉升訣竅、書上不會寫的經營管理者特質，往往就潛藏於其中。如果你能早點察覺，對職涯將會非常有幫助。

不過，如果你想問：如何應付任性妄為的上司？

我只能說，這個問題沒有答案。

在第四章，我們將透過許多案例，帶你了解向上管理的重要性。

武器5：領導就是解決沒有正確答案的難題（第五章）

許多人之所以排斥管理職或擔任領導者，理由通常包括：擔心失去專業、只想在第一線、管理工作很枯燥、容易被裁員等。

然而，也有某些專業，是在離開第一線之後才能接觸、進而深入學習；這是不爭的事實。如果你能將經營管理付諸實踐，一定能從中獲得非常寶貴的體驗。那麼，將來不論你到什麼樣的團隊，它都能成為你的武器。

「沒有專業能力的人，很容易遭到裁員」，這句話只說對了一半。我必須提醒，這並不代表一直待在第一線，就能鍛鍊專業性。

武器6：責任與報酬是一體兩面（第六章）

主管絕對會獲得比部屬更高的薪資報酬，但相對的，也必須承擔更重大的責任。

但是，有些領導者會因為「不好意思叫部屬做事」、「因工作量過多，對部屬過意不去」，反而凡事親力親為，但這往往只是為了讓自己心裡好過一點而已。

切記，責任與報酬是一體兩面，如果你善盡職責、對工作也全力以赴，根本不必擔心其他人指指點點。

與其擔心對部屬不好意思，還不如專注思考：什麼才是我該做的事？身為主管，我還能做些什麼？在這個章節，我們將一起探討這些觀念的真正意義與實踐方式。

武器7：好主管，要利己又任性（第七章）

「身為領導者，應該具備遠見並提出願景，團隊才能達成更好的成果」。相信各位一定對上述論點不陌生。

然而，許多領導者所描繪的願景，實際上並無法激勵團隊。其關鍵就在於：**願景是否具有利己精神**。

一般來說，願景要以公司為重，但事實上，如果領導者在提出願景時，並不是以利己為出發點，很可能就只是在畫大餅。也就是說，即便願景帶有個人野心與夢想，高層們也更傾向——有總比沒有好。

想要追求晉升，就必須了解願景的意義。

實例：職涯最大危機：當你沒有新鮮的肝（第八章）

在這個章節，我將分享擔任高階主管教練時的經驗。

原本堅持不想升遷的人，是在什麼樣的契機、轉捩點下，改變自己的想法。在本書中，我將盡可能忠實記錄這些實例，供各位讀者參考。

另外，我也會從高階主管教練的角度，分享我的所見所聞，並適時補充說明：教練通常關注哪些面向、提出哪些問題，這部分也值得各位細讀。

第一章

遇到難搞部屬，你得有拔刀砍人的勇氣

1 四十五歲是升遷分水嶺

所謂的晉升，就是指升任更高階的職位。

在一般企業組織中，職位晉升往往被視為出人頭地的象徵。然而，有些職位如課長、專案組長，表現看似晉升，實際卻未必等於出人頭地。因為，雖然薪資待遇提升，但很有可能也需要帶更多部屬。尤其，職稱中帶有責任、專案等字眼時，職責往往難以界定，嚴格說起來並不算是真正的晉升。

本書中所說的晉升，指的是「直接管理的部屬人數增加」。這不只是管理人數從三人變成四人，而是指管理層級的提升。例如：課長管理人數至少五人，部長則是管理課長級至少三人；**擁有實權的管理者，才是最清楚明瞭的晉升**。也可以說，職等越高，自己能影響的人就越多，這才叫實質晉升。

當主管，是全新挑戰

接下來，我們要進入正題。

晉升，也就是所謂的出人頭地，若要我認真定義，我認為最遲應該在四十五歲前升上課長，之後再努力攀升到部長；而且，我建議最好將此視為截然不同的全新挑戰。

所謂出人頭地，前提是必須獲得上司或公司的肯定。因此，我們也可以說，四十五歲是一個重要的分水嶺——四十五歲之前，公司通常會依據你的潛力、表現或成長來評估，且評價大都圍繞在貼近人心、有人望、鼓勵部屬等。

在這方面投入越多時間與心力，確實有助於提升評價，但四十五歲之後，更注重的反而是你的實績、領導力或對公司的貢獻。

然而，很多人幾乎都忽略了這一點。結果，別說站上擂臺，根本連參賽的機會都沒有，驀然回首才驚覺自己已屆齡退休。

我想要強調的是，有些人明明適合當領導者，卻因為不知道評判的標準，導致被淘汰出局。

成為領導者的人選與心態，都是決定組織未來發展的關鍵因素。這不僅會影響公司本身，也關係到你的職涯發展，以及周圍同事的工作前景。

以目前來說，社會上仍普遍存在一種既定印象：強烈渴求出人頭地的人，會不擇手段、踩著別人往上爬。當然，在這之中不乏有能力、實績的人。但如果你因此選擇退出，甚至放棄晉升的權利，那實在是太可惜了。

尤其，到了四十五歲這個分水嶺時，你很有可能會驚覺，怎麼和以前完全不一樣？這也就是我前面提到的，要將四十五歲之後的職場競爭，視為截然不同的全新挑戰。這種心態上的切換，對於四十五歲後想繼續追求晉升的人來說非常重要。

那麼，具體來說，到底該怎麼做才好？容我在後面進一步說明。

2 有些人就是不想承擔更多責任

我所從事的工作之一「高階主管教練」，基本上就是與學員（也就是客戶）持續一對一面談（課程），並為客戶解決問題，以及協助規畫職涯、培養領袖特質或能力等。

不過，在教練課程開始之前，我一定會先訪問該客戶的主管。如果客戶是課長，我會先訪談他的上司，也就是部長，藉此了解對方對這位部屬（也就是我的客戶）的期待，以及希望改進的地方。作為第三方教練，我會仔細傾聽並充分理解這些意見，然後在後續的課程中加以運用。

以下分享一段我的經驗。我曾遇過一位客戶，暫且稱他為「田中」。田中的主管對他其實有些不滿、希望他能改善。

在訪問的過程中，主管說了很多想法，內容大概如下：

「田中，其實是位非常優秀的部屬。不過，或許是正因為如此，他常常因為害怕失敗而不想承擔更多工作。就我來看，我確實希望提拔他成為課長、帶領團隊，但是他不想承擔更多工作這一點，實在是不行。我認為，這是他目前最需要面對的課題。」

我進一步追問，所謂逃避工作，具體是指什麼狀況。田中的主管表示：當團隊成員臨時缺勤，工作就必須有人幫忙處理，他認為田中應該要主動承擔這份責任。

各位讀者不妨試想一下，若我直接將主管的意見告訴田中，他會有什麼樣的反應？

「說我逃避工作？開什麼玩笑！他到底想講什麼？大家光是忙自己的工

作就已經分身乏術了！明明人力不足，上面又不補人，他身為主管，應該也很清楚，不是嗎？」

可想而知，田中肯定會很反彈，因此我絕對不能直接轉達主管的意見。我必須以分享的方式，巧妙的將上述意見說出來。

事實上，這位主管所說的「不想承擔更多工作」，在各企業都很常見，更重要的是，這句話其實隱藏了一則重要訊息——晉升的提示。

強大的執行力

請各位想想部長級、高層級的長官們，他們是否經常只是出一張嘴，不停的說「去做這個」、「還沒做好嗎」，完全不顧部屬的狀況，只會下令使喚別人？這種只會出一張嘴、把事情丟給部屬的主管，應該也不在少數。

如果你以人力不足回絕工作，很可能會被長官斥責：「我不管人力多少，你給我想辦法達成目標就對了！不然公司要你幹嘛？」

然而另一方面，我也深深感受到這種強制力，其實是高階主管必備的能力。當然，我不敢說這是最重要的能力（不讓部屬推三阻四），但我認為，你至少得叫得動部屬，才有辦法勝任高階主管的位子。

以前面的田中為例，其實他的主管真正想表達的是，**除了安撫部屬的情緒，有時也要予以嚴厲鞭策**（以不造成職權霸凌為前提），這種強制力是有其必要的。

更重要的是，越高階的位子，越需要展現強制力。

反過來說，你也可以想成：能促使他人付諸行動的人，比較容易獲得晉升、出人頭地。大家都知道不能職權霸凌，但只會安撫的話，那就跟哄一哄沒有什麼差別了。

那麼，這些經營階層的高階主管們，都不需要籠絡人心嗎？

不，事實正好相反。

經營者常說：「人才就是財產。」

如果你也常讀經營管理的書，一定看過諸如：

- 公司最重要的資產就是人才。
- 重視員工的公司，才能獲得最後的勝利。
- 貼近人心、激勵士氣，才是好的管理。

看到這樣的內容，大多數人會認為親切待人是職場眉角，這點不可置否。

但，即便以親切待人為前提，你**能否硬起來、指揮部屬做事更為重要**。

對於企業組織來說，能讓部屬聽從指示並且執行任務，這才是高層想要的人選。

請別誤會，我並不是說，三十多歲的小主管即便表現良好，也無法獲得晉升。只是，倘若無法順應環境及角色的變化，進而改變過往的成功經驗、指導風格、管理方式，之後想要再往上爬，可說是難上加難。

3 任何工作都需要「推動力」

想成為主管，還有一項必備條件，那就是「推動力」。

推動力或許會讓人有點摸不著頭緒，但如果說到提案力、銷售力、談判力等，應該就比較耳熟能詳了吧？其實，這些都是推動力的一部分。

有些人可能會認為，我又不是業務、不用扛業績，推動力跟自己沒關係，但這樣想可就大錯特錯了。在職場上，不只是想爭取升遷的人，**所有想讓他人認同自己、推動工作的人，都需要鍛鍊推動力**。

或者，我們也可以說成：讓別人不知不覺願意配合你。

而這股行動力，正是追求晉升的必備技能。你必須清楚知道何時、如何，以及基於什麼理由，展現出自己的行動力。

依據工作類型的不同，有時也會有職務調動。例如：原本只要做自己的工作就好，但後來卻被要求帶領團隊。

依職位不同，能力也會不同

首先，讓我們先來探討業務的工作。從公司的角度來看，對外部客戶提案（銷售服務或產品），就是業務的工作。

以人力公司為例，年輕的新進顧問，若能提高邏輯思考、資料分析、歸納與表達能力，大都能持續創造亮眼的業績。

當個人表現得到認可，上級往往會期待他帶領團隊；若他持續晉升，則可能會被賦予扛起整個團隊的責任，其角色也會變成領導者，需要指揮團隊，從客戶身上獲得最大利益。到了這個階段，因應職位的不同，所需的能力也截然不同。然而，真正能適應的人並不多，很多人反而深受其苦。

我的學員之中，有不少人的狀況是，主管已找到門路或是與客戶端談妥條件，部屬後續只要完成提案、確實拿下訂單、為公司創造亮眼的業績即可。

但是，當這位部屬也成為主管之後，他就必須擔負起「敲門磚」的任務，為部屬找到商機與鋪路。也就是，他要負責開發商機、找到客戶，以確保公司的獲利。

對某些人來說，這反而成了一道巨大的高牆。

例如，有的人會說：

「如果我們公司的商品（服務）正好是客戶想要的，那再好不過；但要我去推銷客戶不見得想要的東西，我實在很不想做。我希望可以不用扛業績壓力，做其他也有產值的工作就好。」

這位學員原本是為了爭取晉升機會，才特地挑戰新的工作環境，希望藉此培養新技能。但在過程中，因為遇到瓶頸，結果讓他萌生退意，甚至開始考慮是否該回到原本的舒適圈。

為了讓討論更有方向，我列舉了一些業務相關案例。其中，也提到前文的例子：員工從基層逐步晉升為主管後，隨著職位的變化，需要扮演的角色和肩負的責任也會明顯不同。

然而，在一般公司中，一旦接受升職，不論你是否做好準備，很有可能會馬上被要求做出成績。因此，是否接受升職，某種程度就跟前述的學員一樣，將面臨難以抉擇的人生十字路口——究竟要挑戰新環境，還是留在舒適圈？

此外，在與部屬互動時，尤其是上對下指導，同樣也需要用到推動力。

近年來，培養部屬獨當一面已成為顯學，支持部屬也成了管理職的任務之一。然而，也有越多越多人以此為擋箭牌，逃避自己不想做的工作。這幾乎無可避免，畢竟大家都不想被討厭，這也是人之常情。

就以我自己為例，過去我認為，團隊互相支援再正常不過。甚至我自認是支援型領導者，所以我會將工作分配給部屬，讓他們放手去做。

但現在我會反思，所謂的自由發揮，會不會其實反而是放任、把責任丟給部屬？

畢竟，當一個人被主管要求去做自己根本不認同的事，肯定提不起勁，更遑論提升績效；如果沒有前例可循或規範，多半也想不出好的新點子。

就正面意義而言，放手讓部屬自由發揮並不是壞事；但身為管理職，適度給予指導與鞭策，才稱得上是既認真又有人情味的主管——現在的我深刻體會到這一點。

我以「拔刀」作比喻，無非就是為了強調身為組織管理者，所必須肩負的重責大任。

和樂融融的幸福職場，這或許是現代人求職時的理想。然而，大多數人其實都是隨波逐流，容易心生怠惰，所以我們必須在自己與他人之間，保持適度的緊張感。

當然，我並不是要你咄咄逼人、處處針鋒相對，但你必須理解：**在必要時刻，你必須像拔刀般展現態度**。

說之以理、動之以情，這就是身為領導者的最佳武器。

Column

部屬想調動部門，怎麼回應？

「我不想被你管，也無意在你的手下做事，請把我調到其他部門，我要申請職務異動。」

如果部屬之中，有人對你說出這般挑釁的宣言，你該如何應對？

①「答應他的要求，以免被投訴職權騷擾……。」

②「馬上轉達給人事部，依照公司規定處理。」

③對部屬反嗆：「對我有什麼意見，你可以直說。關於職務調動，公司有公司的規定，不是你想怎樣就怎樣。」

主管指導部屬的方式，其實並沒有絕對正確的答案。在前述例子中，根據情報多寡，得出的結論也會有所不同。但依據本書的主旨，答案是③：「公司有公司的規定，不是你想怎樣就怎樣」。

當然，上司也該反省一下自己的作為，並進一步與對方好好溝通，解決問題才是關鍵。

不過，從主管的立場來看，確實有必要貫徹公司的原則。如果當事人直接向人事單位投訴，有可能會被安排到其他部門，但是公司有公司的規定，員工不能任意妄為，身為上司（管理階層）絕對不能輕易動搖。一旦縱容部屬任性妄為，之後甚至可能成為組織發展的一大隱憂。

一家公司，本來就會有各式各樣的意見，很難斷言哪個才是正確答案。然而，在組織中，必須有人負責決策並確實執行，才能確保組織順利運作。

反之，若缺乏負責人，陷入群龍無首的組織將無法推動任何工作。即使每個人都有自己的想法和意見，最終仍須遵循負責人的決策，才能使專案順利推進。

當然，這並不代表我們不需要傾聽反對意見，或是直接排除不一樣的聲音。要知道，成為集團（組織）的責任者，即使擁有決策權，同時也必須肩負起每個決策帶來的責任。

抱持這樣的覺悟，你將會更深刻體會到，自己必須推動他人並且不能輕易退縮，因為最後都是由你做出決定。如果缺乏意志力，便無法貫徹管理職的義務與職責。

讀到這裡，或許會有人抱持反對的意見：「提振部屬的士氣與幹勁，創造一個讓部屬能輕鬆工作的環境，這本來就是主管的責任，否則就是主管無能！」

就某種程度來說，我確實能理解上述意見。但原則就是原則，作為管理職，態度必須堅定，甚至在必要時保持強硬。部屬們必須在公司規範的框架下，思考如何執行工作，這才是真正的管理。提振部屬士氣固然重要，但絕不能無限上綱，更不能讓他們為所欲為，否則就失去了管理的意義。

你的成功不僅僅是為了個人榮譽，更是為了讓團隊和組織變得更好。在這個過程中，難免會出現衝突和摩擦，但這不應該動搖你的立場。即使有人認為你太強勢，你也不應因此退縮。

真正的領導力，是能堅持自己的理念，並引領團隊向更高的目標邁進。

第二章

帶人，有時要強硬、有時要彈性

1 新官上任，這把火一定要放

以下內容，是我根據訪問所改編的故事。加藤在一家大企業上班，他打敗了眾多主管與資深前輩，榮升為事業本部長[1]。

這段故事將讓我們了解在追求出人頭地時，無情與冷酷其實是不可或缺的手段。

[1] 譯注：日本的「本部長」是負責指揮和統籌重要部門的高階職位，相當於區域負責人、分公司總經理。

課長們匆忙聚集在會議室，因為新上任的本部長加藤遠從東京而來，準備宣布重要事項。果然，加藤一說完，會議室的氣氛瞬間變得凝重。是因為會議室沒有對外窗嗎？還是因為這裡擠了十一個大男人？又或是加藤散發出來的氣勢太驚人……？

一身深藍色西裝，襯衫上的袖釦閃閃發光，身高超過一百八十公分的加藤環顧四周之後，以走廊都能聽見的音量，鏗鏘有力的說道：

「這場會議大家都不能缺席，請你們調整自己的排程。」

加藤身形精瘦，臉部輪廓分明，再搭配細長的雙眼，看起來就是精明幹練、不會輕易妥協的人。

會議室的白板上寫著：三月二十三日（六）上午十點會議開始。

「可是，我們這邊也是半年前就排好工作，你突然說這週六要開會，我們真的很困擾，加藤老弟。」

一臉無可奈何，一邊搔頭表達反對意見的人，正是關西事業部資歷最久的老將木村。木村總是口無遮攔、想說什麼就說什麼，雖然個性也不壞，但他在部門內的人緣並不算好。

不過，由於木村的資歷較深，因此無論好壞，大家對木村多少還是抱持著幾分敬意。

比四十歲出頭的加藤年長至少十五歲的木村，過去還曾短暫擔任過加藤的直屬主管。現在的木村會如此耍嘴皮子，還故意叫加藤「老弟」，這恐怕是對新官上任的加藤下馬威。

不過，在這樣的狀況下，加藤竟率先打破了這凝重的氣氛。

「木村！」

加藤提高音量且參雜著怒氣，大聲的說道：「請改正你說話的方式！」

就像小學老師訓話一樣，加藤說：「從現在開始，請叫我本部長！」

帶著命令語氣的「請」和好聲好氣的「請」，意思截然不同。對木村而言，加藤的請一點也不客氣。儘管如此，木村也只能乖乖閉嘴。大概是因為加藤銳利的眼神，帶來壓倒性的氣勢，讓木村無法繼續反駁。

「如果做不到，請你現在就離開。」

加藤一臉面無表情，他看著會議室內的所有人，堅定的繼續說道：「大家聽好了，我是這個部門的負責人，你們都是我的部屬。」加藤的右手握緊拳頭，重重的搥在桌上，或許是力道過猛，桌子微微的震動了一下。

「部長還真有氣勢。」

木村不死心的又說了一句，但明眼人都看得出來，木村原本張狂的氣勢徹底消了下去。

但加藤並沒有要收手的意思，他繼續說道：

「像木村這樣對工作不上心的人，你們現在就可以自請降職。我可以給你們一點時間，如果有人決定辭職，現在就快點離開。」

木村仍心有不甘，但終究他還是低下頭來，不再說話。

加藤鬆開右手的拳頭，擺回原本的姿勢。

「總而言之，」他用比剛才更高亢、更宏亮的聲音說道：「我無法接受這個部門的業績一直低迷下去。我來到這裡，就是要做出一番成績！希望各位都能跟上，別扯後腿。」

加藤一臉嚴肅，彷彿就像在說：「誰有任何意見，現在就說出來！」隨後，加藤將文件配發給全部的人：「這是會議概要。上面有當天會議要整理的資料項目，請各位回去務必做好準備，並於開會時提出。」

語畢，他再度環視全場。

在場的所有人，沒有人對加藤本部長的出現感到喜悅。甚至可以說，對加藤來說，在場的每個人都是敵人。

一直到開會之前，其實課長們私下都抱持著輕蔑的心態，認為這個從東京來的小伙子沒什麼本事，進到會議室之後，也對加藤投以冷漠的眼神。

然而，加藤只花了一個小時，就讓在場所有人徹底了解何謂組織、上司、部屬，以及最基本的職場倫理。畢竟上級與下級的分際若太過模糊，組織肯定無法好好運作。

想要調整失衡的上下關係，到任的第一天正是最佳時機。因為時間拖得越久，想要修復關係就越困難。想必加藤就是看準這點，即便明知在場的都是敵人，他也無所畏懼。

「新上任的主管，能超越我們這些老將、成為部門的頂尖老大嗎？」所有人原本抱持的不安與嫉妒，此時已經煙消雲散。

當然，這並不代表所有人都願意跟隨加藤。但是，誰在上、誰在下，答案已經呼之欲出。

這種做法或許有些難度，但是，無情與冷酷對於搖搖欲墜（或者須重整）的組織團隊來說，卻是非常重要且必要的態度。

2 遇到爛人或奇葩部屬時

一個組織要更強大，每位員工的成長與教育都非常重要。

在這一小節，我將教大家如何提升自己的能力。

我認為，推動個人成長的關鍵，在於回顧過去的自己。

我在三十八歲那年年底，讀到日本商業雜誌《PRESIDENT》上的一篇專欄文章，主題是「來寫三年日記吧」。自那時起，我就養成了寫日記的習慣。日記不僅能確實記錄當天發生的事，日後回顧時，還能反省及察覺自己當下的想法及心情。

以三年日記為例，你可以同時閱讀一年前與一年後的紀錄，並思考這段時間內的心境變化。這種強制回顧、審視自己的方式，我認為是好事。

即使還沒超過一年，偶爾翻閱日記，隨著知識的累積，你也可能會產生不同的想法，並進一步思考，下次可以怎麼改善。

比方說，閱讀三個月前的日記，可以反思：「當初採取的行動奏效了」或者「當時的我實在太草率行事」。不論結果好壞，藉此好好思考並分析歸納成因，都能幫助我們精益求精。

此外，我們人類對於過去的事、當下的情緒感受，其實真的很容易忘記。然而，過去的經驗往往隱藏了許多值得學習的線索，如果我們不主動回顧過去及反思，就很容易忽略這些寶貴的提示。

換句話說，**透過寫日記，能否活用經驗才是關鍵**。越能如實記錄當下的情感，在日後幫助也越大，這樣的日記才能發揮更大效用。因此，不能只是流水帳，而是要毫無顧慮的寫下當下的情感，這點至關重要。

隨著晉升，你會接觸到形形色色的人，其中不乏各種奇葩員工或爛人，甚至被他們中傷。這時，我會建議你，把當下的情況，包括憤怒、厭惡、悲傷等情感，全都寫下來，甚至列出對方的名字。

總之，就是**先站在自己的立場，將所有想法全部寫下來**。這類涉及評論他人的內容，如果隨口說出去或流傳出去，很有可能會被扭曲原意，甚至還會讓別人對你不信任。但是日記不同，只要不給其他人看，不管寫什麼內容，都不會有問題。

「寫什麼都可以」這點極為重要——毫無保留與隱瞞，這樣的內容在日後閱讀時，才能幫助你有新的發現。

以我為例，光隔一天，我的想法就不一樣了。

例如：「或許換個說法，就能讓事情有所進展」、「我想他應該沒有惡意，或許他的想法是如此這般」等。

一個優秀的領導者，必須徹底釋放自己的想法、感受，還有該做卻未能做到的懊悔情緒；冷靜的理解自己的真實感受，並進一步思考分析：該怎麼做？為了達成目標，又該怎麼執行？在這個過程中，學會客觀的思考非常重要。

唯有將自己的情緒從內心抽離，用客觀的角度審視，才能看到盲點並冷靜思考。

關於寫下日記的效果，日本知名認知心理學學者海保博之在《帶來幸福能量的工作日記》一書中，曾提及以下論述：

「人類其實有很多面向，就像最隱私的祕密，我們會將其隱藏起來，不希望被他人發現。例如，默默藏在心中的自卑感、對某人的厭惡或嫉妒、足以毀滅人際關係的憤怒、激烈的戀愛感情等。這些不為人知的祕密，其實會影響你在工作上要如何達成目標。因此，將這些情緒誠實的寫下來，可以幫助你更理解自己的內心並反思與內省。」

在高階主管課程中，我也鼓勵客戶毫無保留的說出心中真正的想法。

這是因為，單純壓抑心中的不平、不滿、憤怒、反省、羞恥等負面情緒，然後嘴上說著「我以後會改進」這種優等生的言論，其實毫無意義，對於現狀也不會有任何改變。

倒不如，就像海保老師所說的，將喜怒哀樂全都吐露出來（或是寫日記），把自己內心的垃圾都倒乾淨之後，再冷靜客觀的思考與分析。

我們甚至可以說，**一個人可以成長到什麼樣的程度，取決於他能反省多少過去**。

身為領導者，不僅要展現冷酷、無情的一面，更需要智慧與堅強的心靈來對應各種狀況。懂得在強硬與彈性之間拿捏分寸，既是領導的藝術，也是一種必要的帶人訓練。

3 制度是死的，管理是活的

從人事諮詢顧問的角度，為企業考核制度和評估薪酬，並協助調整與修正，也是我的工作之一。在過去，許多日本企業長年維持終身僱用制（按：指員工在學校畢業後進公司任職，做到退休為止）、年功序列制（按：以年資和職位論資排輩，訂定標準化的薪水），且在績效考核方面盡量保持一致。

然而，儘管公司內部有些人因表現優異而快速晉升，也有些人因表現平平而不被重用，但由於大家的績效考核一直都沒有太大差異，反而導致組織內部陷入僵化。

事實上，績效考核與薪酬評估，本來就應該根據每位員工的差異，才能得出有效的結果。一旦員工的績效變差，就無法在職場競爭中脫穎而出；過於重視年功序列的企業，也可能會面臨員工年資增加、薪資提高，反而導致人事成本增加。因此，有越來越多企業傾向導入短期目標的績效考核，藉此凸顯員工之間的表現差異。

作為人事諮詢顧問，我會盡全力協助企業制定考核、薪酬制度等，但我也很清楚，僅憑制度上的改變，並無法保證企業一定能達成目標績效。

說到底，關鍵仍在於：實際執行考核的人（管理職），也就是領導者能否真正理解制度。

「評估績效的規則不清不楚，我要怎麼考核？」

「如果公司不能給出更明確的考核基準，我無法讓部屬信服！」

當企業導入新的考核制度時，一定會有人提出，也有一些人，雖然不明說，但內心也有諸多不滿。

另一方面，**也有一些領導者不會大驚小怪，反而能冷靜以對。其實，這樣的人才，往往更能做出成果、獲得成功。**那麼，有能力的領導者多半屬於這類型的人，這又是為什麼？

當新制度推行時，不是每個人都能很快熟悉，必須花費心力學習。而一位堅強又冷靜的領導者，在面對新制度時，通常會這樣思考：

「不管公司的考核制度怎麼改變，都不會影響我的管理方式。這一季團隊的目標、如何分配任務、要達成哪些成果、會遇到哪些困難、又該怎麼克服，這些並不會因為考核制度而有所改變。我唯一要思考的只有：如何配合新制度，創造出更好的成果。除此之外，沒有任何改變。」

換言之，不論公司如何設計績效考核制度，有能力的領導者心中都存在一個具體的基準。

然而，也有一些領導者，會在新制度頒布之後，才開始思考團隊目標，以及個人的目標。

這類型的領導者對績效考核和薪酬制度的要求往往過於苛刻，甚至會鑽牛角尖，質疑部屬的能力，並抱怨公司（如前述第六十八頁）。然而，他們忽略了一點——作為執行考核的主管，自己也需要承擔相應的責任。

若部屬無法接受考核結果，自然也無法認同主管的管理方式，如此想要提升團隊的向心力或表現，乃是天方夜譚。

為部屬的績效考核打個好成績，或許能減少對方的抱怨，但此時身為主管，更應該激勵部屬：「就算這次的考核結果不理想，只要繼續努力，你一定還有成長的空間。」這點非常重要——新制度無法取代這份來自主管的鼓勵與心意。

不管是什麼樣的企業組織，考核制度、能力評估項目等基準，其實大都大同小異；也沒有任何一種制度，可以直接提高員工的績效或快速培訓人才。最重要的關鍵在於：領導者們如何看待績效、成果、人才。

領導者必須活用公司制定的考核制度，同時加深部屬對主管的信賴與認

同，這也是領導者必須謹記於心的原則。

然而，在執行考核時，難免會讓部屬感受到你無情的那一面。但要是你因為害怕被對方討厭，附和說出「我也很不滿公司的人事制度改革」，部屬恐怕也會認為你只是在找藉口，絲毫不會因此認同你，這點不可不慎。

第三章

劃清上下界線，你才不會自己累到死

1 不要為了部門和諧輕易討好部屬

Q：「身為上司，當然希望自己能受到部屬的愛戴。」對於這句話，請問下列哪個選項最符合你的想法？

A：①非常認同、②部分認同、③不怎麼認同、④完全不認同。

如果進行上述問卷調查，現代管理職選擇①、②的比例，應該會比三十年前高出許多。雖然無法提供比較基準，但根據我個人的經驗，這三十年以來，確實存在顯著差異。特別是我在擔任高階主管教練期間，經常聽到管理職（尤其是高階主管）的心聲，從中獲得了不少啟發。

從表面來看，「上司廣受愛戴，團隊一定能創造佳績」，這句話似乎有道理，但事實上，團隊成績與上司是否受到愛戴並無關聯。

希望受部屬歡迎當然無可厚非，但最重要的是確保工作能順利完成；如果因擔心交辦工作會被部屬討厭，甚至被指控職權霸凌，而不敢下指令，那問題可就大了。

我在日本金澤工業大學研究所擔任客座教授期間，曾提過推廣多元[1]（Diversity）是領導者的責任。當時，大家的觀點大致分為兩派。

一派認為，如果主管很嚴厲，部屬的發展將會受到限制，因為每個人都必須按照主管的意見行事，不能表達自己的想法；另一派則認為，從維持團隊多元共融的角度來看，即便團隊中有人愛唱反調，不妨認同並尊重他們的個性。

當然，把部屬當作棋子使喚，也能在短期內取得佳績，但這樣的做法並非長久之計。同時我也不認為，讓部屬隨心所欲就等於包容多元。

我希望各位牢記在心，多元共融的目標並不是不分男女老幼、專業與否，大家都和樂融融，而是即便彼此擁有不同的價值觀，但仍能互相討論，甚至可以承受意見相左時所產生的壓力——培育具備這些特質的人才，才是多元的真正本質。

正因為不同意見互相碰撞，才能激發出新的價值，身為主管若只是一味的維持和樂融融，團隊將難以持續進步。

「我不需要知道旁邊的人在做什麼」、「有些人只會添麻煩，但我也只能忍耐」，諸如此類的誤解，必須儘早加以修正。

身為一名領導者（主管），當部屬的言行舉止不妥時，就必須明確的予以指正。當同仁之間出現不同的聲音，且批評較為尖銳時（例如：你這個企劃不行），領導者則應引導大家以正面心態交換意見，進而打造出能對事不對人、冷靜客觀的討論風氣。

我並不是在說，「身為主管就該被部屬討厭」，而是即便部屬覺得麻煩、不想做，只要有必要執行，身為主管就應該適時的鞭策部屬。

1 多元的核心概念，指讓不同背景的員工，都能在職場上受到接納與支持。

某些企業會以「回饋徵詢」（feedback seeking）作為執行方針。這種做法範圍雖然廣泛，但透過主動徵詢他人的意見與反饋，不僅能幫助自己釐清想法、完善提案，對團隊整體而言，也能營造出健全的討論環境，讓大家更暢所欲言。

當然，我們最終目的是打造真正的多元共融。如果單純以不被部屬討厭為優先，其實再簡單不過，心理負擔也會輕鬆許多。例如：只要讓部屬的提案全部通過、盡量不干涉工作等。然而，這樣做只會削弱團隊效率。

放下讓大家和諧融洽的想法吧！想帶領團隊邁向成功，你必須具備更高層次的思維。

Column

躲在舒適圈的人，無法成長

對上班族來說，確保心理安全感非常重要（按：指團隊成員不用擔心在組織裡提供點子、指出缺點）。

但是，我希望你不要誤會，讓部屬認為：不管做什麼，主管都會原諒，或是不遵照我的指示做事也沒關係——這不叫安全感，這種完全跟心理安全感沾不上邊。

「不好意思，我沒辦法在期限內完成工作。」

「你還有其他急件要忙吧，做不完也沒辦法，我再想想其他解決方法。」

若上司如此善解人意，部屬的心理安全感自然很高。但，在溫水煮青蛙般的職場（舒適圈），員工究竟能否成長，可就很難說了。

「就算犯錯也不會被罵」、「沒有趕在期限交件也沒關係，主管不會生氣」，若手下的人一直處在這樣的環境中，他的成長將會非常有限。

一個人若長期對上司交代的工作得心應手，也清楚知道自己擁有充足的資源與時間，便很難有所成長。

只有在條件嚴苛、一定要想辦法完成的狀態下，人的潛能才有可能被激發。

總而言之，不勉強部屬下，實際上對於人才培育毫無助益。

真正的心理安全感，應該是要建立在——

在這個職場中每個人，都不用擔心自己會被指責：

「你怎麼連這點小事都不會！」

「這麼簡單，你也做不好！」

「你提這種意見，是自找麻煩吧！」

諸如此類的負面說法，都不該存在。

還有，**讓部屬不用擔心自己是否會被誤解**，這點也很重要。

然而，在確保這種心理安全感時，還有個大前提，那就是務必要讓員工投入工作（保持積極態度、提高參與感），這需要下工夫，而這也正是領導者所必須扮演的角色。

以前述的例句來說，不如換個說法：「這個做法會比較好，下次要再加油！」或是「學會這項技能，對你會有幫助，再努力看看吧！」重點在於，由上司開口，讓部屬產生共鳴、雙方共同面對問題，而不是一味的單方面指責。

有什麼樣的上司，就會有什麼樣的部屬。也可以說，上司的言行越認真，員工的工作態度也會越嚴謹。想要部屬獲得成長，首要之務就是讓他們全心投入工作。

只靠打造舒服的職場，並不會讓人自動成長茁壯。**適時的給部屬壓力，並在他們完成任務時大方予以稱讚**，藉此確保上司與團隊之間的溝通順暢，再加強眾人的心理安全感，如此才能見效。

再重申一次，確保部屬的心理安全感，領導者必須多下工夫。

2 一手揮鞭子，一手發糖果

日本人普遍講究禮貌、重視長幼有序。儘管這項傳統已經漸漸淡化，但我相信這仍是多數日本人的共同回憶。

例如，高一生通常不太會頂撞高三生，這種風氣維持了很長一段時間。當這些學生畢業、進入企業開始工作後，尤其是大企業，依據入社年資不同，其行事作風也會有所不同。

「剛進公司時，有位前輩很照顧我，但現在他成了我的部屬，並且即將屆齡退休。由於遭到減薪，他對工作已提不起勁。儘管如此，我還是無法對他嚴厲指責，實在讓人困擾。」

近年來，有不少主管面臨這種情況並感到苦惱。我想，這或許與傳統社會的價值觀——尊重年長者有關。

能夠晉升的人，在此時必須秉持一碼歸一碼、就事論事的原則，果斷調整態度。也就是，**與過去的夥伴劃清界線**。

例如，直接表明立場：「我在新人時期確實受您照顧，但公事公辦。既然您是部門的一員，我希望您能持續做出成果。」

儘管有些前輩可能會在背後抱怨：「不懂飲水思源的傢伙」、「不知道我們過去為公司付出多少」，但最好的應對就是，保持從容，隨他們去說。

即將屆齡退休或二度就業的員工，往往會有既然薪水變少，工作表現差一點也無妨的心態，而且只會越來越投機取巧。

這些人的理由多半是：「我現在的薪水已經很少了，就讓我輕鬆一點。」

雖然可以理解這種心情，但事實上，原本應該是在屆滿六十歲前逐年減薪，薪水會越來越少（按：日本企業大部分採六十歲退休制度，在退休年齡之後，以減少四〇%以上的薪資僱用）。然而，現在改為一次性減薪，在真正退休前，薪水都不會再遞減。換句話說，其實屆齡退休員工領的錢並沒有比較少，甚至可能比原本更多。

這樣的說法，就算與當事人面對面懇談，他們大概還是難以接受。

話說回來，針對因薪資減少、責任變輕的人，要如何提升工作幹勁，確實是一大難題。**主管必須以果斷的態度來應對，這是最基本的前提**。另外，如同我在第一章提到的，讓部屬見識你拔刀，這方法也相當有效。

不過，如果你認為這位部屬還可以溝通，不妨先試著循循善誘。

最近，在以高階主管為主的研討會中，我聽到不少相關成功案例。尤其是資深老鳥，而這些案例的共通點，說來有些老套，就是「**寄予厚望**」。

這可不是簡單說一句「我很看好你」，而是要用鼓勵的方式——

「你以前很優秀，我很期待讓後輩看看你的實力！」

重點在於激發對方的自尊心，這非常有效。這種說法不僅能迎合人性「希望對自己有利」的心理，更能點燃對方的熱情，促使對方採取行動。

身為主管，若能在面對年長或年輕部屬時，靈活運用「鞭子」（拔刀的覺悟）與「糖果」（期待他的表現），就能讓團隊的溝通更加順暢。畢竟，大多數問題的根源往往在於團隊溝通。

這世界上，並沒有任何溝通捷徑。主管與部屬之間，唯有透過不斷的對話、相處與反覆嘗試不同的溝通方式，才能真正建立起良好的互動模式。

Column

將人才放在對的位子

以下是我自己的經驗。這是我為了了解企業經營者的思維，實際經歷過的事情。

新年剛開工，我馬上就被執行長叫去。

「從今年開始，請你每個月去一趟大阪，與大阪本部部長好好談一談。」

這項指示非常唐突，我完全沒有頭緒。但我也只能回答：「好的，我知道了。」總覺得就算我問：為什麼？要跟本部長談什麼？主管大概也只會罵我：「這個問題，你自己想啊！」

「你身為人事部負責人，直接去談應該就能整理出許多議題。」

執行長認為，直接和本部長面對面談話很重要，就算沒有先想好議題也沒關係。

話雖如此，但如果我什麼都沒準備就跑去大阪，劈頭詢問本部長，他肯定會覺得莫名其妙。對方的工作已經很忙了，還要抽時間跟我面談，我可不能白白浪費對方的時間。

當然，執行長事前並未告知大阪本部長。也就是，我還得自己想辦法說明來意才行。

不過，大阪地區的人力資源管理確實不太順利。近幾年隨著員工人數增加，只靠本部長來管理全體員工，實在有困難。

「東京總公司還有其他高階主管們可以商量，但大阪分公司就只有一個人。」

我想，執行長應該是察覺到大阪本部長也需要關注與協助，所以才會派我前往。這樣一想，我好像稍微釋懷了。

「你曾經說過，只要好好與人溝通，就能解決一半以上的問題。

我希望你這次能用行動證明。」

我很快的說「好」，但我還是花了一點時間，才消化執行長的這段話。我會有如此反應，是因為執行長原本就是個討厭抽象決策的人，不論要導入任何制度或作法，他總是要求要有明確的目的、計畫，而且還要符合效益，否則他絕對不會輕易點頭。

還有，他也不怎麼喜歡溝通、幹勁這類說詞。我忍不住心想，執行長的腦袋難道壞了嗎？

當時，我只覺得，原來這就是企業經營者的思維。**運用手下人才來取得成功，不拘泥於自己過去的言行——過去是過去，現在是現在，只要判斷哪種做法最適合，就立刻去做**。

即便被別人說朝令夕改，他也完全不以為意。就算面對自己做不到的事，他也能很快想到「如果是他應該辦得到」、「我記得他很擅長」，也就是**將人才放在「對的位子」**，人盡其才。就像這次執行長找我也是同樣的道理。

當我抵達大阪之後，我和本部長很快就開始展開商量。我這才知道，只靠一個人管理整個分公司有多麼困難，但我並不是直接給予解決方案，而是和本部長一起分析現狀，用俯瞰的角度思考。誠如執行長所言，只有一個人，確實很難有這樣的機會。

當時的經驗，也成為我從事高階主管教練的契機。數年之後，高階主管教練正式成為我創業的一部分，**對於自己做不到的事，可以冷靜的交給其他人去做**，這是我從執行長身上學到的事，我至今仍然非常感謝他。

3 以前是同事，現在變部屬，怎麼帶？

接下來，這是某大型企業女性職員（上田知子）的故事。

到目前為止，我休了兩次育嬰假。當時的大環境還沒有鼓勵女性投入職場的風氣，就算請育嬰假，復職之後也很難避免加班。大家工作都很忙，尤其遇到旺季，加班到深夜都是家常便飯，每當我下午五點準時下班時，我其實都很不好意思。第一胎出生時，我一邊麻煩同事們，一邊想辦法努力，才勉強把工作做完。幾年後，第二胎也快要出生了，當時我認為自己無法配合公司加班，因此，我打算休完育嬰假、復職之後差不多一個月左右就要提離職。沒想到，在我復職上工的第一天，當時我的上司，也就是部長，竟集合了所有同仁說：「上田從今天開始復職，接下來她都無法加班，要請大家多多幫忙。」

部長的話一說完，在場有不少人都露出「又來了」、「別推給我」的表情。我不確定部長是否有察覺，但他仍繼續說道：「接下來的日子，由於上田五點就要下班顧小孩，因此各位的工作量有可能會增加。但是，我們是一個團隊，所有人都應該互相支援。女性同仁未來也有可能遇到同樣的狀況，男性同仁也會有需要照顧家人的時候。當公司有人需要支援時，團隊整體都要互相協助，這就是我的管理方針。任何人有意見，不要找上田，請直接找我談。」此時，所有同仁們的表情都變了。

「還有，上田，妳五點下班之後，內心不需要有任何掛念或負擔。妳現在只要好好兼顧育兒與工作，等狀況穩定下來之後，再幫忙同事們就好。我身為本部門的管理者，我認為團隊就是要互相幫忙，以上，還請大家多多配合。」

我眼眶泛淚，對部長、還有同仁們鞠躬致謝。現在回想起來，如果當時沒有部長的那番話，我根本不可能留在公司，更不可能會有機會像這樣接受訪問。

想要推廣多元共融，領導者的角色至關重要。除了促進團隊互相理解、避免員工之間出現對立或嫌隙，也必須**適時宣示身為領導者的強力決策與決心**。**若領導者本身沒有明確的方針，團隊很快就會產生不平、不滿的情緒**。必須像故事中的部長一樣，強力表示「這就是我的決定」，才能讓眾人信服。

當然，並不是展現魄力，一切就能順利，但身為領導者沒有下定決心，狀況就不會有任何改變。

還有一點，我在前面提到「與過去的夥伴劃清界線」，這不是指再也不跟對方說話或是從此絕交。

而是希望你能明白，**與過去的夥伴之間的人際關係，伴隨著你在公司中的位置與角色不同，這些人際關係也需要適時調整才行**。

第四章

厲害主管都在用的底層邏輯

1 管理你的上司並理解他的處境

「你的上司這一季的目標是什麼？」

如果團隊是目標導向，應該有不少人能輕鬆回答。

那麼，「你的上司目前正背負著什麼樣的壓力？」

這個問題如何？

應該很少人能回答了吧？

或許有少數上司會坦承自己壓力很大，但實際上會說出來的人並不多，可能也是因為不想讓部屬看見自己懦弱的一面。

世界知名管理大師約翰．科特（John P. Kotter）在其著作《領導》（*LEADERSHIP*）中，曾提到向上管理的概念。他在書中寫道：「要了解上司的處境」，其中就包括壓力。

說得直白一點，為了提升工作（或是團隊）效率，你必須了解你的上司目前正在承受的壓力。

以負責銷售的業務為例，業績能否達標就是壓力來源，這應該不難想像。我們甚至可以斷言，這是一般主管的壓力來源。如果完全不用在意業績，要不這間公司的管理有問題，就是對方嘴硬在逞強。

然而，所謂的壓力，並不僅止於表面。你的上司，甚至是高層，為了達成目標，必須思考什麼、打算採取哪些行動，以及需要什麼樣的協助，都充滿了壓力。

想要具體了解上司的壓力，最好的方法，就是由部屬（你）以提高團隊業績為核心，主動提出新的想法。

若你的提案被拒絕，主管會告訴你拒絕的理由，而這個理由很有可能就是主管現在的壓力來源。

只不過，就算部屬立意良善提出新提案，有時卻會得到「主管說一套做一套，言行不一」的回應。

事實上，我在進行高階主管教練課程時，也聽過學員這樣抱怨。

「我們的部長一天到晚高呼改革，歡迎大家多多提案，但其實所有的提案跟企劃，最後都會被他以風險太高為由打槍。他的高聲呼籲只是做樣子給高層看，其實他根本完全不想冒險。」

這位部長是否言行不一，除非當面問，否則沒人知道真正的答案。正因為如此，試著設身處地想像上司的壓力，往往能帶來意想不到的效果。對於部屬來說，理解主管的壓力，並進一步思考該如何應對才是關鍵。

不可諱言，現在也有不少主管打槍提案，是因為不想冒風險，不要做就不會失敗。

在這種情況下，雖然越級報告也是一種手段，但必須慎重評估時機。如果高層對你尚未建立起信任感，貿然越級報告，反而會讓別人認為你逾矩，並因此對你留下負面評價。

話雖如此，若上司單純只是不想惹事，首先你應該提供有助上司消除不安的資訊，這樣才能開啟溝通的第一步。

我們要記住，**沒有人會為了替公司推動政策，賭上自己的職涯冒險**。大部分的人都只想明哲保身或只顧小我、不顧大我，這才是現實。

越早體會這點，在未來都將成為你的重要資產。

「光靠大道理，無法推動組織改變」，當我們明白這點後，更應思考哪些做法才能真正奏效。與其一味堅持原則，不如適時展現彈性。

當然，這並不代表你必須討好上司，或唯有聽命行事才能升遷。你要明白，這個世界並非僅憑大道理就能運作，有些事需要時間醞釀。我的建議是，儘早提升自己對於「濁」的適應力，才是上策。

2 強勢，是完成任務的必備能力

以下親身經歷，讓我非常難忘。

那是在公司同事餐敘時，老闆所說的一句話。平時我很少直接和他交談，往往都是因公事，才特地安排時間討論。

當時，我所待的部門正在擴編人員。我與同僚都做很久了，對於目前大環境的變化（越來越多新人報到入職），其實有些意見。再加上，剛從別家公司跳槽來的新人，一來就擔任面試負責人，馬上擁有處理人員招募的權限。對於這點，我也不太能接受。

於是，我們仗著自己是老將，決定越過直屬上司（部門負責人），把心中的不滿與不安直接進諫給老闆。

同事對老闆陳情的種種不滿，我完全認同。

「雖然公司需要擴編人員，但我們認為目前的做法實在太超過了。」

在顧問諮詢業界，我們除了培育人才，也會挖角。但是，要挖角人才並非易事。如果我方提出的薪資條件不夠有力（優於對方目前任職的公司），或是無法讓對方有大展身手的舞臺與機會，就算頂著顧問諮詢公司的名號，對方也不一定會接受聘僱。

最令我們感到不悅的是，新人一到職就立刻負責面試，但他的招募方式卻讓人無法認同。

「他花了很多時間與資源，用高薪或高職位等當誘餌，當然會吸引很多人來參加面試，但他竟然來者不拒。這種做法不會太強勢、太一意孤行了嗎？」

特地錄取進來的人才，公司卻無法給予發揮的舞臺；又或者是錄取到實力不足的人，這兩者都會造成公司莫大的損失。因此，在面試時必須慎重評估對方的能力，這點至關重要。

目前的做法重量、不重質，這才是我們最擔心的。

「前幾天我也以面試官的身分，參加了其中一場面試，當時我寫下的評語是『此人不適任，不宜錄取』，但負責人卻僅憑個人的判斷，仍堅持發出錄取通知。我認為實在太過輕率，更別說最近到職的新人中，也有不少人根本不具備即戰力。」

我們滔滔不絕，甚至連他達成招募的關鍵績效指標[1]，也被我們大肆批評。老闆從頭到尾不發一語，默默聆聽，而我們則期待老闆能理解，或是給予一些指教。

但是，老闆最後說的話，完全超乎我們的預料。

---

[1] Key Performance Indicators，簡稱ＫＰＩ。

「下令擴編人員的人是我，也是我強力要求不能錯過現在這個時機，一定要做出成果。在這個前提之下，要錄取誰、要用什麼方式補人，這些都是你們的頂頭上司與面試負責人要去煩惱的事，所以這麼做究竟是好是壞，對此我先不多做評論。不過，關於面試負責人的強勢作風、一意孤行、沒有顧慮成員的感受等，這些在我看來，都是領導者在推動業務時的重要能力，在這方面，我倒是給予負責人肯定。」

老闆說的「**強勢，也是一種能力**」，這句話在我腦中盤旋不去。

那是我第一次深刻體會到——我原本以為，帶領團隊最重要的是提升員工的幹勁，並優先考量他們的感受，但現實卻並非如此。

這位面試負責人，並不受我們這些成員的歡迎，更談不上被尊敬，然而他卻成功達成了老闆對他的期待。

3 對付難搞高層，要見招拆招

這是某大企業部長在訪談時，與我分享的故事。

當時的我可說是正在勢頭上。

大學應屆畢業後，我進入這家公司，一晃眼就是三十年，並且在銷售業務領域累積了相當亮眼的成績，也晉升為部長。想當初剛入社時，我根本沒想過自己能出人頭地，但我並不打算止步於此。

接下來，我還希望自己能晉升為高階經理人，甚至是執行長，做出更好的成績，感謝公司多年來對我的栽培。這是我剛滿五十歲那一年，在心中定下的目標。

我相信憑藉自己的創意與行動力，一定可以做出前所未有的大好成績。到了五十歲，競爭已與年資無關，太過小心翼翼反而會吃大虧。為了展現我的行動力，我決定挑戰收購海外競業旗下的公司，藉此擴展本公司的商務貿易。

一開始，案子進行得非常順利。

該標的公司在歐洲市場表現亮眼，而歐洲正是我們尚未開拓的區域。儘管該公司近年營收下滑，但仍具有一定的在地優勢。與其從零開始，不如收購這家已打下基礎的公司，並結合我方的資源與專業，發揮互補優勢，讓業績迅速回升。

對對方而言，這同樣是個難得的機會。如果我們能儘早談成收購，我敢說協同效應（synergy，指企業在收購合併後，其經濟效益會較公司獨立經營時高）將帶來不可限量的經濟利益。

當然，併購必然伴隨著風險，必須審慎評估。尤其是這類大型投資專案，還得到會長、社長、高階主管的首肯才行。

我們也從擅長併購的顧問公司，委任了一名值得信賴的負責人。這位負責人就是大村，他樸實不浮誇，深受高層們的信賴。

我自己則負責準備專案細項，內部報告的工作就委託給大村。大村對於併購方面並不專精，但是他在公司內鮮少樹敵，工作態度非常踏實，對於其他高階主管，仍有一定的影響力。

另外，針對這項併購專案，大村還安排與各高階主管們面談，藉此了解社長及高階主管們的真實想法，若公司內部意見一致，專案就可以繼續進行。

「目前並沒有出現太大的反對聲浪。」

大村的這句話，讓我終於放下心中大石。接下來只要高階主管們的個別面談不要出現反對意見，應該就大勢已定。

然而，隨著專案進入最後階段，情況遠比我們想像的複雜。據傳，高階主管們的個別面談陷入膠著，彼此一直無法達成共識。

究竟是誰在會議上提出反對意見、會議中高層們討論了什麼，這些我無從得知，我只感到非常沮喪。

如果順利拿下大規模的併購案，肯定能為公司帶來非常龐大的利益，這點我非常有信心。然而，在最後一次的會議上，高層們居然否決掉併購案。

沒想到併購案就此告吹。

我想不透，到底發生了什麼事？上面給我的理由只有一句：「這是多方評估的結果」，其他什麼都沒說，這叫我如何接受？

我硬是拜託大村告訴我，高層決定放棄的真正原因，並且答應他絕對不會洩漏出去。

他這才緩緩道出：「只有一個人強力反對這項併購案。」

當我得知那個人的名字時，震驚不已——對方竟是我以前的上司。當初他對我照顧有加，一直以來也非常支持我，我怎麼也沒想到，這次提出反對意見的會是他。至於他反對的真正原因，我無從得知，心中只有不滿。

沒想到，過了一段時間，對方自己跑來找我。

「這次的併購案真是遺憾。」

雖然很想直接開口詢問，但我只能裝作若無其事的說：「是啊，我到底哪裡沒做好？」

對方接下來說的話，一度讓我懷疑自己是不是聽錯了。

「如果你從一開始就先來找我商量併購案，事情就好辦了，你從第一步就走錯了。」

我震驚到啞口無言。對方居然不是以公司的利益為優先，只是因為不想被大村（或者說是被我）搶走功勞，所以才強烈反對。

我感到非常不解，但同時我也深刻體會到權利鬥爭的可怕，就算是高階主管也無法置身事外。所謂的公司組織，不過是一群立場各異、心思各有盤算的人聚在一起，不可能要求所有人都一樣良善。

我付出了極大的代價，才終於學到這件事。

我並不是鼓勵大家，想要出人頭地，就要全盤模仿這些行為，反而是希望藉由這個故事讓大家思考一下當你一步步高升，在晉升的路上，會遇到很多前所未見、形形色色的人。**你必須無所畏懼的直接面對他們，有時甚至得巧妙運用一些手段，才能應對挑戰或者先發制人。**

第五章

領導就是解決沒有正確答案的難題

1 社長與副社長的差距，不只一個「副」

我在工作中所接觸的企業高層，以社長居多。

不過，即便同樣是社長，他們所背負的責任也不一樣。有些社長底下員工上千、上萬人，也有些社長底下員工只有數百、數十人。一般來說，公司規模越大，社長的壓力就越大，因見識過許多大風大浪，所以經驗很豐富。也正因為如此，他們才能從眾多人當中脫穎而出，可說是人中之龍。

但是，我還是要說，不論公司規模多小，社長不愧是社長。

發言的內容與思維（思考力）、說服力等，都與其他等級的高階主管級截然不同。

我曾和一位企業經營者談話，當時他剛從副社長晉升為社長，他說：「社長與副社長的差距，肯定比副社長與新進人員的差距還要大。」

這是因為，社長不再是某個人的部屬，而是必須獨立思考、歸納分析並做出最終決策，這需要非常強大的心理韌性。他承受的壓力，也是副社長所無法比擬的。作為社長，每個決策都不能出錯，因為他就是公司的最後一道防線；無論如何，他都必須鍛鍊自己的思考力，並承擔起應有的責任——這正是企業組織領導者的宿命。

領導者應該要思考什麼？

讓我們再深入探討一下，領導者為什麼需要思考？又該思考什麼？

領導者最重要的工作，就是解決問題。什麼叫解決問題？就是提出可以解決問題的方案。只要問題解決，公司的運作就能一如往常。

但是，領導者應該思考的問題，並不是提出解決方案就好，而是該怎麼做才能更前進；甚至更多時候，**領導者面對的是根本不存在解決方案的難題**。

在經營者層級的教練課程中，我還發現，這些領導者們，所面對、思考的，是顧此失彼，進退兩難的困境。

舉例來說，某位經營者曾找我諮詢：「為了提升公司的業績，這個部門的發展非常重要。我認為，能力足以帶領部門、創造最大效益的不二人選，就是A。但是，若我讓A升任部長，有三位跟著我一路打拚的老將就有可能提辭職。但我實在找不到比A更適合的人選，我到底該讓A升部長？還是優先留住公司重要的老將？」

這位社長現在需要的並不是解決方案。因此，像是「不如賭一把，讓A升任部長」或「乾脆讓三位老將離職」這類光說不練、不負責任的意見，可說是毫無意義。在這個案例中，我唯一能做的，就是透過提問幫助社長進一步深入探討。

我反問了社長下述這些問題，但不是用質問的語氣，而是旁敲側擊，點到為止：

「為什麼A對公司業績這麼重要？」
「你想要拔擢A，是基於什麼樣的考量？你對A抱有什麼樣的期待？」
「你說有三位老將可能會因此離職，請問是哪三位？」
「為什麼你覺得他們會提離職？難道沒有其他方法嗎？沒有其他人可以替代嗎？如果要再找人，你會找誰？」

對於我提出的問題，社長皆一一慎重回應。

在這場一問一答的對話中，不僅幫助社長回顧自身的經驗，也促使他進一步針對現狀更深入的思考。我們討論了將近兩小時，社長最後並沒有說「我找到答案了」，而是「我下定決心了，謝謝」。

由此可知，**領導者所思考的，並非簡單的正確答案，而是能解決困境的具體方案**。

● 真正的問題點是什麼？

- 問自己內心究竟想要怎麼做？
- 我到底在害怕什麼？

思考上述問題並不是為了找出答案，而是透過問題反覆推敲，最終得出能說服自己的結論。

身為領導者，他的思考模式是在當下不斷自問自答，並引導出屬於自己的結論。

據我所知，有一位大型企業的社長，為了培育未來接班人，就特意將優秀人才派到分公司擔任社長，並定期安排顧問教練課程，幫助他們拓展視野、培養全面性的思考能力。近年來，許多大型企業也採取這種方式來拔擢人才。

領導者所需要的，不是質問他「為什麼不這樣做」，也不是建議他「試試看這樣做」，而是透過提問：你現在真正想做的是什麼、是什麼契機讓你產生這想法、做這件事會有什麼樣的風險、該怎麼處理應對、最讓你感到不安的因素是什麼。**當你漸升高位，想要助老闆一臂之力，這就是一個好方法**。

我甚至建議大家，從現在開始，找一位能引導自己思考的指導教練或上司，讓自己**多練習從思考中導出結論**。

當然，並不是隨時都能找到合適的對象，這時不妨將自己的想法與心情寫下來，不時反思、自問自答，或是透過寫筆記或日記，也都是很好的方式。從工作中退一步，你也能像領導者一樣思考。

2

離開第一線當主管，會失去專業能力？

與我共事過的同事中，有一位上司的理解力非常好。即使我向他諮詢非專業領域的問題，他也能很快抓到重點，並給出相當具有建設性的意見。

「明明沒有相關經驗和知識，為什麼他能這麼快就理解問題？甚至給出相當有說服力的建議！」

每次提到這號人物，我心中就會浮現這些想法。

各位讀者的身邊應該也有理解能力很強、總能給出意見的人，或是說不定在未來，大家也會遇到這類型的人。

我認為，這種人最容易出人頭地。

那麼，他們和一般人到底有何不同？

或許大家會開玩笑說，這種人大概平常就是萬事通。事實上，並非如此（當然，還是會具備一定程度的知識）。

應該說，能給出建設性意見的人，往往能在一瞬間看透事物本質，迅速掌握全貌（見微知著）。這裡的全貌，並不是指了解所有細節，而是理解與其他事物之間的關聯，並且從更全面的視角看待事物。

在本章，我想談談出人頭地的人都具備的「宏觀力」——也就是從大局看待事物的能力。但宏觀力不能只是視野寬廣，若只是蒐集大量資訊卻無法有效運用，依然徒勞無功。

接下來，我們將深入探討宏觀力與成功之間的關聯。首先，讓我們對比「具有宏觀視野的人」與「專家」的差異。專家通常會在特定領域深耕細作，而擁有宏觀力的人則擅長從全局出發，理解事物之間的關聯性。

應該不少人都還有印象，在日本泡沫經濟崩壞時期（按：一九八〇年代後期到一九九〇年代初期），「專家」這個名詞曾一度蔚為流行。在經濟不景氣的時代背景下，許多日本企業鼓勵某些特定職員離職，而這也是「裁員」風氣的開始。

在當時，擔任管理職的職員，諸如課長或部長，也都被列入裁員名單。按理說，課長與部長負責指導及管理部屬等重要工作，是不可或缺的角色，可是一旦不景氣、業績不好，很多人就會誤以為，不管有沒有課長（部長）並無太大差別。結果，這些人就被列入裁員名單。

這是因為，雖然他們也很認真工作，但由於日本企業的年功序列制，導致薪資比較高，因此當高層考量到公司投資報酬率時，這些夾在中間的中階主管往往就成了箭靶。

相反的，在這個時期，專家就不會被裁員。

我想強調的是，專家與出人頭地之間並沒有正相關。**若將晉升視為職涯的縱向發展，成為專家就是職涯的橫向發展**，兩者方向完全不同。

比起使喚他人做出成果，專家更傾向將自己獨一無二的專業發揮在工作上，這也是專家的價值所在。

說到底，這些從基層一路爬升到課長、部長、管理職的人當中，怎麼會被認為沒有產生價值而列入裁員名單？儘管我認同專家擁有高度價值，但我也不禁反思這一點。

課長或部長這種「非專家」人員，在公司業績不好時，真的是應該裁掉的對象嗎？

所謂的組織，其實就是一群人聚集在一起，當中一定要有人負責管理。若沒有管理職統領眾人，這個組織根本無法好好運作，更遑論要做出什麼成果。

既然如此，為什麼原本被賦予權限的管理職，會淪為不重要的角色？不消說，就是在泡沫經濟崩壞時期，有些人明明身為管理職，卻無法發揮他該有的作用。

因此，**無論是否以出人頭地為目標，擔任管理職的人絕對不能就此滿足**，必須在日常生活中不停反問自己：我的角色是什麼？該怎麼做才能善盡職責，甚至發揮更大價值？目前的言行符合自己的角色嗎？我該怎麼做，才能持續交出好成績？

如此透過提問來提高自己的價值，就不會輕易被列入裁員名單。

當然，這並不代表追求成為專家是錯誤的，我甚至認為不斷加強自己的專業也不失為一個好方法。事實上，要在一定的時間內付出努力與決心，其成效往往也會不凡。但一個組織不可能只靠專家就能運作，**為了讓專家們能安心發揮，真正有能力的管理職與領導者，都是必要的存在**。

有志成為領導者的人，必須具備一定程度的專業知識，但那些已經出人頭地、飛黃騰達的人，卻不一定事事精通。當他們掌握某方面的專業知識之後，不會盲目鑽研，而是將所學化為實際的能力——這正是身為領導者的重要特質之一。

專業當然很重要，任何專業都具有深入鑽研的價值。只是，**想要在組織之中好好發揮自己的專業，很多時候更需要連結其他領域**。

總而言之，在職場上，單靠自己的專業並無法解決所有的問題。要成為一位成功的領導者，必須具備能迅速理解事物並給出意見的能力。

本書接下來將具體說明如何鍛鍊宏觀力。

Column

挖深洞也需要寬度

前日本經濟團體聯合會會長，同時也曾是東芝（TOSHIBA）社長的土光敏夫，曾說：「挖深洞也需要寬度。」這句話是指，若想要讓自己高度專業化（更能發揮效用），必須充實相關的各種知識。擁有的知識越廣，專業就能更有深度。

確實，當我們在地面上挖洞時，如果只開一個小洞，很難將洞挖深，只有當洞口大一點、有一定的寬度，才能繼續往下挖。

換句話說，即使你已經在某一領域達到高度專業化，也充實了相關的知識與技能，但仍可能會面臨被淘汰的風險。在工作中，總會有客戶（包括內部客戶）期待你帶來更多效益，因此你究竟能提供多少有效價值至關重要。

如何才能活用專業，取決於你看待事物的視野。例如：目前工作的核心目標是什麼、有哪些相關人士、誰才是決策者、對方究竟想要什麼、如何滿足對方的需求？

你必須訓練自己從宏觀的角度，進一步思考自己應該要怎麼做。當你需要管理高度專業的人才時，不妨參考一下前面提到的「挖深洞也需要寬度」。

「我是這方面的專家，反正對你說太多，你也聽不懂，所以請你不要插手。」

雖然應該很少有人會把話說到這地步，不過在職場上，總會有一些員工持有這種心態。

這個時候，身為主管的你也只能直球對決。

「我是這個部門的負責人，同時也是負責評估你績效的人。我會盡量了解你的工作內容，但你也有責任向我解釋：『你的工作價值在哪裡？為什麼？』」

人事考核部門的關鍵之一：評價，是由上司與部屬共同打造的。也就是說，不是只有上司單方面打分數、給評價，擁有高度專業的部屬，也應付諸行動。

3 教練學的初始技能：從聽部屬說話開始

為了提升管理職或經營職的能力，近年來「教練學」（Coaching）越來越受到注目。

教練學其實是一門深奧的學問，但為了讓任何人都可以學習，坊間有很多標榜輕鬆入門的方法。

其中，擅長傾聽，是最能展現教練學的重要基本技能。

當你傾聽別人時，你會發現答案其實早就在對方（部屬）心中，這樣的思維將為你帶來很大的幫助。

但，不說自己的意見，就是擅長傾聽嗎？完全不說自己的意見，真的能解決對方的問題嗎？我希望你可以好好思考這一點。

所謂的擅長傾聽，指的是什麼？

如果完全不說自己的意見，只用「原來如此」、「這樣啊」、「辛苦你了」這種無關緊要的話語來應對，天底下再也沒有比管理職更簡單的工作了。

真正的擅長傾聽，我認為有更深一層的意義。

舉例來說，在從事教練課程時，**我會先從聽對方說話開始**。**不否定對方的意見，認真聽對方說話**，能有效提升對方的滿意度。這是因為對方會感到被尊重、被重視。換句話說，運用教練學技巧來提高互動的滿意度，其實並不難達成。

只要不否定、不批判、不評價，就是好的傾聽。

不過，光是提高對方的滿意度，不一定能幫助對方更上一層樓。更重要的是，當事人的上司或周圍的人對他抱持著什麼樣的期待，還有公司對他本人有什麼樣的要求，釐清這些想法，然後進一步引導他思考：我能做些什麼、我真正想做什麼。

深入探討，將潛藏在心中的想法具體化，這才是重點。

對於聽者來說，要讓說話者（對方）察覺到自己內心真正的聲音，這些深度提問不可或缺。只是單純傾聽對方說話，就算對方心理上感到滿足，但對改善處境卻很有可能沒有任何幫助。

雙方開始進行溝通時，我**不建議一開始就丟出「我並不這麼想」、「我覺得你那樣太過分了」這類批評、否定的意見**。

教練學課程通常會進行數次（高階主管教練則是一對一）。在來回溝通的過程中，我們會適時提出：「現在提出的意見，跟你之前說的事，兩者有關聯嗎？」或者視情況，反問：「上一次的談話，在顧客滿意度這點上面似乎有些矛盾？」

「你說的話相當一針見血，我原本都沒有注意到。」

即使你的提問打動了對方，也不代表他能因此更進一步。只有當對方能察覺並表達內心的想法時，才能真正找到答案。

引導對方說出內心真正的想法，才算是有效運用教練技巧。除非你讓對方察覺到自己未曾注意到的盲點，以及內心深處的感受，否則還稱不上是擅長傾聽的人。

光靠下定決心，效果是非常有限的。對方上次說過哪些話、上上次提過哪些意見、跟這次的談話又有哪些關聯，這些都是無法忽略的資訊。要真正擅長傾聽，必須保持高度的專注。

第六章

責任與報酬是一體兩面

1 想領高薪，你得當主管

透過晉升所能獲得的好處之一，就是高報酬。

在所有報酬中最具分量的，就是薪資。嚴格來說，報酬並不等於薪資，但在這裡我暫且將報酬視為薪資。

有多少人知道自己上司的薪資數字？當然，如果你是負責結算薪水的財務人員就另當別論。我想，知道的人應該少之又少。若是薪資結構或就業規範公開透明的公司，或許還能推測出大概的金額，但據我所知，這類消息可信度並不高。

如果你目前還只是基層員工，當你知道課長級或部長級的報酬時，或許你會想：「同樣都在這間公司上班，為什麼薪水差這麼多？」、「他們只是年紀較大或年資較深，憑什麼領高薪？」然後越想越不對勁，甚至惱羞成怒。然而，高報酬真正的意義可不只於此。

在本章，我將從晉升帶來的報酬增加，進一步探討出人頭地的真正涵義。還在顧問諮詢公司時，我剛就任經理沒多久，當時的上司就曾對我說：「你的報酬包含了『精神賠償』，算是一種補償津貼，因為在這個位置，你需要忍耐很多事。」

當時，我確實對公司組織有諸多不滿。例如：無法接受高層的決策、放任部屬隨便行事，以及自己夾在中間很為難等，我的反彈很強烈，總覺得這些事很不合理，因而忍不住對上司吐苦水。

上司在聽完我的抱怨後，便說了上述那段話。從那時起，我才真正明白，精神賠償其實就是報酬的一部分。我也深刻體認到——薪水並非單靠年資就會增加，職位升遷也不必然帶來豐富的報酬。

雖然在現行的薪資制度中，精神賠償的津貼並不如職能加給[1]、證照津貼[2]

普遍被企業採用。

報酬所代表的意義

那麼，報酬的意義是什麼？報酬的金額又是根據什麼決定？

依據日本企業的薪酬制度，通常會在新員工入職時給予基本工資作為起薪，這也是員工每個月的薪水。隨著工作年資的增加，薪水會逐年提高，這種薪資增長稱為「年資加薪」，或是調整基本工資。

如果員工的職等有所提升（例如從一職等升至二職等），除了年資加薪外，還會額外獲得來自升職的薪水增幅，即「升職加薪」。

1 當員工提供相對應的勞務，僱主所提供的薪資加給。

2 證照津貼，通常是為了鼓勵員工獲取專業證照而提供的額外補助，並非基本薪資的一部分。

換句話說，員工任職時間越長，其報酬就會自然增加；但實際上，這取決於員工的工作能力或對公司的貢獻程度。

另一方面，我們來看看歐美的例子。歐美的薪資結構與日本類似，工作能力也是其中一項因素，但與日本不同的是，其比重只占了一半。

更重要的是，不像日本以人為依據，**歐美是以工作為基準**。日本加薪多半是因為員工的能力相對提升，而歐美則是根據員工是否具備職位所需的能力，進而提供（針對該工作）相應的薪水。

一般認為，外商企業推崇實力主義，強調根據員工的能力和表現來決定薪酬和升遷。然而，這也反映了一個基本的原則：**所有工作都是有償的，負責完成該項工作的員工可獲得相對應的報酬**。

讓我們再回到晉升。

試想一下，假設你確定被晉升為組長或課長，當你被告知新職稱是○○，報酬將會變成下列數字，你會怎麼想？

首先，你應該會感到喜悅：我的努力終於被上級認可，輪到我升職（加薪），努力是值得的！你當然可以細細品味這份喜悅，甚至給自己獎勵都不成問題。但如果你只有開心一下就結束，沒有考慮到未來能否再往上爬，那就太可惜了。

當你獲得晉升，也因此獲得加薪（報酬增加），你應該要思考：該做些什麼，才能與報酬相符？說得再直白一點——你要付出什麼，才值得公司付更多薪水給你。

雖說各家公司薪資制度不盡相同，但薪資單上的主要項目通常包括基本薪資與職務加給（津貼），因此公司對於職位的定義、職等基準等資訊，請務必要仔細參考。有些人就算升官，也會以為反正我就做好分內事，等部屬來請教問題就好，然而這樣的工作表現顯然與報酬不相符。**獲得高報酬的同時，也意味著你必須承擔相應的責任：如何善盡指導部屬、確實解決問題等。**

Column 抬頭挺胸，接受報酬吧！

這是發生在我三十多歲時的事。當時，我在一家大企業擔任諮詢顧問，與該企業的人事部長非常熟稔。

有一天，人事部長借了第一代社長所撰寫的書（為非賣品）給我，他說：「讀完這本書，你就能了解我們公司的歷史，以及經營高層們從創業以來的理念，請務必讀看看。」

書裡記載了第一代老闆的創業契機、付出多少努力等，內容非常充實，著實獲益良多。尤其，關於報酬方面的內容，就讓我印象特別深刻。

「當你成為課長之後，有件事希望你要記在心上。晉升之後，報酬會增加，而且可能會比之前多上許多。但是，不要因此感到退縮，抬頭挺胸接受吧。你只需要思考自己該做些什麼，才能不愧對這份報酬。期許你有一天可以光明正大的對部屬說出自己的薪水，完全不用感到不好意思。」

我認為這段話要傳達的是：升任管理職，代表責任更重，所以請抬頭挺胸的接受高報酬。

我也是從那時起，理解到所謂的晉升，就是要肩負重任並抱著堅毅的決心，在工作上做出一番成果。

目前，在我的高階主管教練課程中，有幾位擔任管理職的學員。其中，有人毫不客氣的批評：「升上課長就了不起？那傢伙以為自己是誰！」也有人特地表明：「雖然我現在是課長，但我一直與大家平起平坐！」希望藉此縮短與部屬的距離，維持團隊和諧。

然而，**這等於是一開始就放棄自己的責任**。畢竟，上司、人事管理者，甚至老闆，絕對不是因為你之前表現很好，才提拔你。

「我升上課長，薪資也成長了，這是因為我得肩負起課長應負的責任。為了履行職責，今後我將以課長負責人的身分，協助並管理各位的工作。」

這才是正確的觀點。

升官加薪之後，看看自己的薪資金額，一定要思考自己該做些什麼，才能對得起這份報酬的價值；仔細閱讀公司的職位的定義、職等基準，應該就能找到明確的方向。

晉升固然值得開心，這代表你的過去表現獲得高度肯定，毋庸置疑。想要犒賞自己也沒有任何不好，但是，切記，新職位代表你的發展性將會受到更高標準的檢視，**為了名符其實，你必須做出對得起報酬的成果**。

若你的目標就是晉升，思考與處理工作的角度會變成：該怎麼做，才能獲得加薪（報酬）？一旦升官加薪，需要承擔哪些責任？

凡事都應該從這樣的立場來衡量。犒賞自己後，要記得立刻切換思維與立場，這點非常重要。晉升的真正意義，就在於承擔責任。

2 離開上司的保護傘，進步最快

從事人力資源工作，很常聽到「解決問題的能力」。隨著職位越來越高，越需要解決問題的能力，也就是遇到狀況時，思考自己該如何付諸行動。

然而，即便我們了解這個概念，卻不易落實，這究竟是為什麼？

在我二十多歲、還在從事業務工作時，我曾從一位企業負責人聽到以下這段話：

「在我們公司，如果新進員工表現優秀，公司會將他視為儲備幹部，若沒有意外，這個人會一路晉升到課長，之後會越來越出人頭地。新進員工在新人教育期的表現與態度，對於他未來在公司的職涯發展有很大的影響。」

一開始我還無法理解對方的意思，為什麼會說出這樣的話？但深入探討之後，我發現了一些潛規則。

如果新進員工中，有人很快得心應手，同時又能帶給其他新進同仁正面積極的影響（也就是團隊中的關鍵人物），對負責新人教育的人事部來說，這無疑是求之不得的人才。因為一旦氣氛活潑起來，新人對公司的滿意度會提升；對人事部來說，他們也會獲得良好的考績評價。

表現良好的新進員工，人事部不僅會將他視為公司未來的棟梁並寄予厚望，也會安排許多培訓機會。在分發時，他們通常就會將他派至業績優異的部門，並安排給擅長帶人的優秀主管。

若將這些優秀的儲備幹部，一開始就分發到積弱不振的部門，甚至給不會帶人的主管，對公司來說，肯定是莫大的損失。因此，在分發時，人事往往會格外謹慎。

待在業績優異的部門，又在很會帶人的主管手下做事，儲備幹部只要踏實、勤奮且穩定的完成工作，其能力自然會成長，往後要做出一番成績也是指日可待。

基本上，從一開始就被分發到工作環境良好的部門，又有主管認真培訓，儲備幹部能有好的成長與工作表現，也是意料中的事。甚至可以說，儲備幹部的職涯起步，就比其他人更勝一籌。

即便經過數年，公司人事有所異動，人事部的想法通常也不會改變，因此還是會把他調到業績好的部門。在這樣的前提之下，儲備幹部就算被調動，仍能待在聲勢看漲的部門。

接下來的發展也不意外，只要儲備幹部正常發揮實力，應該就能做出一番成績、並獲得到公司的高度評價。

優秀的人就該分發到優秀部門

或許前述的內容有點誇張，但長期從事人力資源管理的我很能認同——什麼樣的環境，造就什麼樣的人才。

我並不是說一定要待在聲勢強勁、業績優異的部門，而是因為人會透過累積工作經驗而成長，所以工作內容與環境，的確會大幅影響人才的成長幅度。因此，我認為，**優秀的新人應該分發到優秀的部門**。

從新人教育訓練時期就嶄露頭角的人，通常能順利晉升，但終究還是會遇到瓶頸。若主管本身很優秀且指令很明確，部屬只須遵照指示與方針執行，自然能獲得好評。

在這種狀況下，看重的是個人的組織能力、時間管理能力、與他人交涉（委託或者下令）的能力，還有能否適時表達感謝。

當然，領導特質與管理能力也不能忽視，但由於工作分配與執行方針仍由主管決定，底下的人只要實踐就行了。

對於這些高階主管來說，能理解自己的方針，不推託、率先做出成果的人，往往是他們手中的王牌。這樣的員工不只會受到高度評價，也會成為上司倚重的對象，因此晉升速度也很快（但一般最多只會升到課長）。

令人苦惱的是，**許多靠累積成果而躋身中間層的小主管們，往往認為：**

「我只要繼續照做，一定就可以再往上升」。然而，如果只是一味的依循舊例，既無法創造新局，也難以獲得更好的成績。

事實上，想要再成長、更上一層樓，有時必須放棄一部分過去的強項。若做不到這一點，成長也將止步於此。

那麼，想要更加出人頭地，該怎麼做？

方法其實很簡單，就是**離開一直照顧你的上司保護傘**，接受新的挑戰並累積經驗（最好是失敗的經驗）。換個環境，接受磨練、體驗更困難的工作，這個轉換的時機正是關鍵。

曾有家公司鼓勵員工到外面的世界磨練一下，回來就升部長，但這只會淪於形式上的轉換環境，員工會因為三年後就會離開，因此產生過客的心態，結果反而學不到最重要的失敗經驗。

正確的做法是，告訴員工：公司將以你接下來三年的成果，評估你之後的職位，如此讓當事人燃起鬥志。如此一來，部屬不只會更投入於工作，也更有機會繼續成長、進化。

另外，也有公司會明確告訴員工：「過去你每年都是十五戰全勝，但接下來的三年，我們希望你能達成五十一勝四十九敗。如果你能做到，將有極大的機會晉升為部長、甚至更高階的管理職。」

然而，收到這段話的員工，可能會理解成：總之未來三年內，不要犯大錯就行了，抑或是挑戰一百次，爭取獲勝機會。由於理解程度的不同，最後的成果也會大不相同。

當有機會轉換環境時，我建議大家要將其視為成長（出人頭地）的機會，以積極的態度接受挑戰。

無論如何，環境對於一個人的成長極為重要。

待在有助成長的工作環境中，該怎麼做才能拔得頭籌，我們會在後面章結詳細介紹。

培養解決問題的能力，聽起來好像很簡單，但實際的工作內容（及環境）如果完全沒有改變，其實根本無法達成。**越早選擇困難的環境，越能激發自己潛力並習得新技能**。

如果等不到公司為你安排，也可以主動挑戰轉換環境的機會，擁有這樣的決心，才是最重要的關鍵。

3 晉升是場遊戲，你得找機會表現

我曾任職於一家顧問諮詢公司，也因此有機會以經理人或管理人的身分，為企業員工進行績效評估。這些員工當初也是經過顧問諮詢公司的審核才入職，因此大家都是相當優秀的人才。

然而，即便聚集了眾多優秀人才，每個人的工作成果仍然有所差別。即便是年資相同的老手，有些人是前段班，也有些人是後段班。那麼，從顧問的角度，為何這些優秀人才的績效會有落差？

對於顧問來說，尤其是資歷尚淺的顧問，除了考核工作能力之外，**員工投入多少工時也是一項客觀且重要的評價指標**。如果公司分配給你的工作量少

（就比例而言），那麼你投入的工時自然也比較少，因此績效就很難獲得高評價。再加上，因為工作量少、工時又短，導致根本沒什麼機會發揮，工作能力的評價自然也不高。有些人常被指派工作，投入大量工時；有些人很少被點名，工時無法提升，這兩者之間的評價就會產生差距。

這是因為，負責分配工作的主管經理，往往會把手上的工作交給優秀的成員。當員工被主管認定效率比較好、不容易出錯時，會獲得較多的工作機會（工作量），完成的事越多，投入的工時就越長。

反之，如果員工被主管認定無法勝任、能力不足，不只無法獲得工作，工時也會受到限制，如此陷入惡性循環。

我在與考績較低的年輕顧問面談時，曾聽到如下抱怨：

「如果上面可以再分配多一點工作給我，我有信心可以證明自己的能力。但偏偏上面分配給我的工作就是那麼少，害我無法發揮實力。」

展現自己的可能性及企圖心

這名顧問的主張是，「我認為自己明明有實力，績效考核的評價卻很低，這是因為我根本沒有表現機會。」換句話說，他認為公司應該要先給他更多工作機會。

其實，我可以理解他想要表達的意思。

實際上，這位人士確實從未負責過高難度的工作，因此也的確沒有機會可以證明自己的實力。雖然顧問諮詢公司的經營理念是培育人才，但其實更多時候，**這份工作最適合交給誰的立場，往往凌駕於公司理念之上**。

這也是因為，所有主管都不希望自己的團隊被拖累進度，更不樂見手上的專案有什麼閃失，此乃人之常情。

在這樣的背景之下，團隊成員必須把握住每一次的機會，藉此向主管證明「把工作交給我，我一定能交出好成績」；又或者，如果一直沒有機會，那麼毛遂自薦、主動出擊也是必要的手段。

在那場面談中，我最後給予的回應如下：

「你之所以沒有得到工作，是因為你沒有想辦法展現你的實力，同時你也沒有讓主管們看到你能交出好成績的可能性。」

證明自己是高度穩定的人才

為什麼我要特地提及上述案例？

因為這正是獲得重用並拔得頭籌的祕訣。

換個例子來說明。在日本企業中，人事考核主要是依據員工的績效與能力。尤其是能力，更是晉升時非常重要的指標。

能升上課長的人，通常在擔任組長時就已經表現出色，並且能達成業績目標。更重要的是，上司對他寄予厚望。畢竟，並不是每個人都能讓上司對自己抱有這樣的期待。

這當中的差異到底從何而來？

說起來，上司的判斷基準到底是什麼？**從人力資源管理的角度來看，其實基準就是：「單純聽命行事」或「三思而後行」**。

後者的行為模式，可以理解為：擁有創意及行動力的人，極有可能在同樣的狀況下複製成功，並達成預期的效果。

反之，收到上司的命令才去做，或者姑且先這樣做，這樣的表現不僅無法讓上司看見他的創意與行動力，也容易因為狀況時好時壞，進而認定他無法穩定維持好表現。

所謂的績效考核，其實目的就只是為了篩選出高度穩定的優秀人才，這也是績效考核的本質。

在前面的顧問諮詢公司案例中，當事人是否展現了創意與行動力（能否複製成功）？還是狀況時好時壞？又或者是根本沒有採取任何行動？

這些都是判斷的基準，也是影響上司是否願意繼續指派工作的重要因素。

把握與上司對話的機會

努力爭取、贏得重要工作也是如此。在目前負責的工作中，你必須展現你下工夫思考以及成長的軌跡，並且讓上司對你產生強烈的印象，認為**你可以挑戰更高水準的工作，或者可以放心把困難的工作交給你**。

只不過，上司當然不可能一直關注你，因此更多時候，我們必須把握與上司對話的機會，充分展現自己。例如：向上司清楚解釋自己的策略及目的，讓上司理解你是三思而後行。越能清晰的闡述自己的思考過程，以及預計採取哪些行動，就越能讓上司對你產生信賴與安心感。

「在上一次的中間報告中，我了解客戶最在意的點是〇〇。為了進一步確認這一點，隔天我便與負責人討論，並整理了相關筆記。因此，在這次的報告中，我將提出最適合解決〇〇問題的方案。」

像這樣，上司自然會對你留下好印象，並且認為你能確實掌握狀況，從而提高評價。與上司進行考核面談，更是展現自己的大好機會。如果你能具體說明自己的策略與思考緣由，你的工作能力評價就會提升，也會有機會挑戰更重要的工作。

要贏得重要的工作，並獲得晉升，其關鍵在於：如何展示自己有能力完成比現階段更高難度工作。一旦你拔得頭籌、也做出成績，那就抬頭挺胸接受你應得的高報酬吧！

Column

領導特質，上課學不到

市面上有許多探討領導特質的書籍，也有很多人專門研究這些特質。什麼是領導特質？展現領導特質，需要具備哪些條件？這類課題之所以如此受歡迎，是因為對研究者來說，這是件非常有趣的事。

事實上，我認識的研究人員大都很活潑，而且對於研究總能樂在其中。

但對於我們這些非研究者，如何有效運用這些知識？

在我的印象中，領導特質是一門研究的人多、理解的人少的學問（The most studied,and the least understood area）。

現在，我想從出人頭地的角度，來思考所謂的領導特質。

關於領導特質（領導力），其實有許多不同的思考觀點，當中包括特質理論與行為理論。

特質理論認為，一個人的領導能力取決於個人與生俱來的特質，也就是先天的個性。

行為理論則認為，只要學習優秀領導者的行為模式及思維，任何人都可以透過專業訓練，獲得領導能力。

在領導能力的研究中，特質理論曾占有優勢，但行為理論從更早以前就已成為普羅常識。也就是說，只要具備創意思考與實質的努力，任何人都能習得（一定程度的）領導能力，並加以應用。如此一來，領導能力似乎變成了可以靠後天學習獲得的能力。

那麼，我們能靠上課學會領導嗎？我認為不行。就像開車必須真正上路，學游泳必須親自下水，領導能力的學習亦然。唯有透過實際經驗，例如以負責人的身分帶領團隊，才能真正掌握如何帶人。我想，這樣的觀點應該不會有人反對吧？

要成為真正的領導者，你必須不斷提升自己。具體來說，你應該主動爭取高難度目標、需要領導他人才能完成的工作，透過挑戰高難度任務來促進自身成長，並證明自己的能力。

當你贏得工作機會並充分發揮實力，一旦做出成果，更具挑戰性的工作就會接踵而來，進而形成良性循環。

我不建議只透過大量課程來累積知識，卻缺乏實際應用的經驗，這不僅無益，還可能讓人陷入「以為自己懂很多」的錯覺。

與其一味的上課，不如認真思考：如何才能創造發揮領導能力的機會？好不容易到手的機會，該怎麼活用，才不會浪費？

確實把握到手的機會，做出成果，不只能夠獲取經驗，還會受到上司的肯定，讓他們放心把工作交給你。

如此一來，你很快就能迎來下一個提升自我的機會。我衷心期盼，每個人都能不斷精進自己的領導能力。

第七章

好主管，要利己又任性

1 利用公司資源，實現你的夢想

在閱讀經營管理或領導相關書籍時，幾乎都會看到「願景」這個關鍵字，例如：領導者應該擁有願景，並且時常向團隊傳達。

那麼，願景到底是什麼？它為什麼有效？市面上已經有許多書籍探討這個概念，大抵來說願景就是：以通俗易懂的方式，讓員工知道未來可以達成的目標，以及如何實際執行，其目的就在於：激發員工的企圖心與積極性。

確實，想真正打動員工、甚至點燃熱情，願景通常是最有效的工具之一。

但並非所有人都吃這一套。

對於習慣苦幹實幹、務實行動的人來說，「談論願景」看似有理想，卻也會讓人質疑，甚至反感。例如：「只會談論夢想，一點意義都沒有」、「比起空泛的願景，付諸行動更重要」、「不要只會說空話、畫大餅」等。

我的工作之一是擔任高階主管教練，每月與學員進行一次一對一的對談，並聚焦於領導能力和職涯發展等議題。

雖然教練課程以對談為核心，但我也會參考學員上司及周圍同事的意見，進行更全面的評估；並透過「三百六十度績效評估」（按：以匿名的方式，蒐集關於該員工的意見回饋），訪談五位學員同事的真實看法。這些意見會經過整理與過濾（不會直接透露給學員），再與學員分享。

有一次訪談時，一位男性學員分享了一段相當有趣的故事。

這位男性員工說：「我們的工作沒有固定模式，都是先設定好目標，再以專案形式進行，因此主要聚焦在專案的規畫與執行。木村是我們團隊的領導者，他非常擅長專案管理，對於成員的提問或意見，都會親自傾聽並回應。我覺得他是一位很棒的主管。」

聽到這裡，我腦海中立刻浮現出無可挑剔的優秀領導者形象。然而，從這位員工的表情來看，似乎有一些話還沒說出口，所以我順水推舟，引導他繼續說下去。

他稍作思考後說：「我其實沒有什麼好抱怨，木村在工作及人品各方面都很出色。只不過……該怎麼說？我時常在想，如果能一起共享工作成果的喜悅就好了。」

我問：「這是指木村很少對成員表達謝意嗎？你認為他應該多向成員表達感謝？」這位員工搖了搖頭，說：

「表達感謝的話從來都沒有少過，硬要我說的話，就是每次順利完成專案之後，不知道為什麼我很難打從心底開心。其實，我很希望大家能一起回味一下，比如，感嘆『我們之前真的很拚』、『大家辛苦了』之類的。但每次木村總是說：『大家這次的表現也很好，謝謝大家。接下來的專案是〇〇，這個要麻煩你處理！』緊鑼密鼓的又分發下一項工作，坦白說，我總感覺不太舒服……但這或許是我太敏感吧。」

到了訪談尾聲，這位男性員工接著說：

「我很清楚，一間公司如果沒有營收與利潤會無法生存，所以這也是我們工作最重要的目標，這點我當然能理解。只是，像木村這樣爬到高位，又有能力成就一番大事的領導者，他不應該只著眼於營業額或利潤、客戶滿意度等，我更希望他能多說像『我想為這間公司（或客戶）做些什麼』或『我想為社會貢獻什麼』這類充滿夢想的話。某種程度上，我覺得像個孩子一樣懷抱夢想並不是壞事。如果木村能展現這一面，我相信會有更多人願意追隨他，他的領導也一定能更有魅力。」

關於人類行為的動力，已有許多研究指出，僅靠金錢報酬無法激勵人們的幹勁，這點幾乎已眾所周知。那麼，除了金錢之外，還有什麼能成為驅動人們努力的動力？目前並沒有正確答案。

不過，木村的部屬所提到的，「希望領導者能像孩子一樣懷抱夢想」，這句話其實暗藏了一個重要的啟示。

巧合的是，當事人任職公司的社長，在部長培訓研討會上，一上臺便說了以下一段話：

「我希望在你們之中，未來幾年內有人能晉升為高階主管，甚至成為營運高層，如果能以接任社長為目標，那就更理想了。

「不過，我希望各位不要誤會，成為企業領導者並不是最終目的。你為什麼想當社長？如果你真的成為社長，你最想做什麼？我希望每個人心中都能有明確的想法和規畫。

「某種程度上，就算是有點自我中心也沒關係，只要能同時為公司帶來利益就沒有問題。甚至可以說，我期待你們內心能激起那種『我想做些什麼』的渴望，並透過這次的培訓研討，下定決心。」

木村的部屬會提出先前的評論，依我的理解與推論，我認為一位主管**除了**

專注在營業額或利潤等眼前的目標外，同時也應該讓團隊看見自己心中的遠大目標——也就是願景。

唯有這樣，才能激發部屬的認同感，讓他們心中燃起熱情。

所謂的願景，並沒有固定的勝利方程式（例如：上司的想法＋公司的方針＋環境變化），它無法機械式的推導得出，也沒有單一的正確答案。

從這個角度來看，願景會隨著不同的領導者而改變，而非一成不變。而領導者所擁有的權限與責任，也包含了改變願景的能力。

即便出發點是為了自己，看似有些利己，但只要同時考慮到對他人的關懷與利益，這樣的願景依然能打動人心、激勵部屬。相反的，**完全無私、毫無個人色彩的願景（連利他都沒有），恐怕連領導者自己都提不起興趣**，那就更不可能吸引他人。

說到底，一位毫無熱情的上司對部屬開口說「希望你們充滿熱情」，誰會因此受到鼓舞？恐怕一個人都沒有。

2 為別人著想，就是為自己著想

我曾長期為一家公司培訓高階主管，該公司的社長（現在已經升格成為會長）憑藉一己之力帶領整個組織，在短短幾十年內，營業額便從數億日圓（按：全書日圓兌換新臺幣匯率，皆以臺灣銀行在二〇二五年二月公告之均價〇．二二元為準，約新臺幣兩千兩百萬元），成長至上看一百億日圓（按：約新臺幣二十二億元）的傲人成績。我非常尊敬他，他可說是商業界的大前輩。

然而，他本人並不滿於現狀。他說：

「我只是有一點小聰明、小創意，總想著如何讓對方（客戶）開心，然後付諸實行。做生意講求人脈，只要處處為他人著想，最後一定會為你帶來成功。我只是把這個當作行事準則，至今仍持續不斷努力，如此而已。」

他的謙虛至今從未改變。

有一次，這位會長跟我分享了一段故事。

當時，一場強烈颱風席捲日本西部，造成了大規模災害。與會長公司有生意往來的客戶公司也深受其害。會長得知之後，立刻召來負責當地業務的承辦人，指示他在公司內募集捐款：

「像這樣為客戶著想的心思，在商場上，才能帶來實際利益。我一直希望在我開口下令之前，大家能先想到並採取行動，可惜這並不容易……。「一個成功的業務，第一時間應該就要想到『我們的客戶還好嗎？』、『有什麼我們可以幫忙的？』但他們卻總是慢半拍。

「只要你常常為他人著想，讓對方因你的行動而感到喜悅，總有一天你一定會得到回報。當然，這些付出並不是出自於功利心態，但我認為也不必要壓抑對回報的期待。

「當我們想為對方（客戶）提供最大價值時，僅僅從對方的角度來思考是不夠的。我們必須從自己能為對方做些什麼出發，唯有這樣的思維方式，才能真正提供最大價值。」

聽到會長的這番話時，我馬上就想到心理學家阿爾弗雷德・阿德勒（Alfred Adler）。他在《被討厭的勇氣二部曲完結篇：人生幸福的行動指南》一書中，也有提出了類似的理念。

有一位精通製作弓箭的名匠，可惜他的狩獵技巧並不好。即使製作出非常精良的弓箭，卻始終在狩獵方面沒有好的表現。

「那就專心製作弓箭就好。」

這看似是以利己（為自己著想）為出發點，最後卻演變成了群體社會中的最大利益（造福其他獵人），也就是「為他人著想」。

這讓我理解到，只要了解自己在社會中的定位，即便一開始是為自己著想，最終也能為他人創造價值。為自己著想，就是為別人著想。

職涯發展其實也是同樣的道理。

無論是什麼樣的工作及領域，都能對社會或他人做出貢獻，但最重要的是：哪個領域（工作）最能讓你發揮？甚至，哪個領域能成為你存在的意義？

特別是以成為領導者為目標的人，更應該思考這一點。**如果連領導者自己都搞不清楚自己真正最想做（也最能做得好）的事，那麼即便整天把團隊願景掛在嘴邊，也無法打動任何人。**

當領導者缺乏熱情，其他人更不可能因此產生工作動力。

每當我與受人尊敬的大老闆們交談時，總能讓我有更深的體悟——作為一位領導者，只有清楚自己的熱情所在，才能真正引領他人。

3 把「該做的事」變成「想做的事」

在與客戶學員對談時，我會選擇在一個聲音不會外洩的密閉空間進行，以確保談話內容不會被第三者聽見。

這樣做是為了讓客戶能安心且毫無保留的表達想法，從而幫助他們釐清問題。在這個過程中，我會從旁引導或提示，幫助他們找出解決方案。最關鍵的是，要讓客戶好好整理當下的心情與想法。

換句話說，許多客戶其實尚未釐清思緒，因此無法了解自己真正的煩惱及其原因，這狀況還滿常見。

「我自己的事，我自己最清楚」，大多數人常有這樣的盲點，直到別人提點，他們才會將心中那股不安全感，轉化為具體且明確的問題點。

所謂的高階主管教練課程，就是透過對話，協助個人成長與發展的過程。而教練則是透過專業知識、技能，以及豐富的經驗，來幫助當事人實現目標。

在我的教練課程中，我們會討論各種主題，其中最讓人困惑的主題之一，便是職涯，即未來的工作發展。

或許會有點難以置信，但有些資歷深厚、位居高位、人人稱羨的高階主管，竟然也會感到迷惘，而且還不在少數。

相反的，三十多歲的年輕儲備幹部，有些人卻能清楚描繪出自己未來的模樣或夢想藍圖。然而，他們真的認同這些夢想或目標嗎？這些話是真的發自內心嗎？

我認為，他們很可能只是受到「不談夢想就太遜」的心態影響，而勉強說出自己的夢想。

當然，我不會直言批評。不過，我認為「不知道」其實很正常。我相信，無論是誰，都曾煩惱過這個問題，只是每個人困惑的程度不同罷了。

備受期待，反而困擾

我曾與某位年輕儲備幹部（三十多歲）對談，這位儲幹身為該公司高層倍受期待、眾人看好晉升之路的人，對我吐露了以下的心聲與煩惱：

「我知道自己備受長官期待，對工作，我也非常認真，但現在這些真的是我想要的嗎？未來我會因此感到心滿意足嗎？其實我不確定；至於出人頭地、晉升高位，我甚至懷疑那真的是我所追求的嗎？我總覺得，一切都跟我想的不一樣。」

雖然不能以偏概全，不過越是個性認真的人，越容易自尋煩惱。

相較之下，天性樂觀的人會認為，公司寄予厚望代表能獲得更好的待遇，因此更願意投入努力，以達成公司的期待，並爭取更理想的職位。他們也能從成就感中獲得滿足，藉此減輕對未來的不安。

反之，越是不在意職位頭銜的人，反而越容易陷入職涯困惑。

那麼，這些對職涯感到迷惘的人，該如何尋找解方？

每個人或多或少都能找到屬於自己的解套方式，但有一個特別有效的方法，也就是本書的主旨——「以出人頭地為目標」。

如果你對未來感到迷惘，不確定自己真正想做什麼，那就先以出人頭地為目標，持續努力吧！

這不僅能幫助你累積實力，也能化解你內心的煩惱。

「等等，這太奇怪了吧？我對於升官、升職都已經興致缺缺了，竟然還要我以出人頭地為目標？」

或許不少人會有上述疑問。

這箇中道理，我會在接下來仔細說明，以下先介紹一個職涯思考模式，供各位參考。

「不知道自己想做什麼」，其實每個人都曾有過這樣的煩惱。

另一方面，也有一些人似乎完全不以為意，他們總能全力以赴，以充實工作為目標，在事業上大步向前邁進（至少在旁人看來是如此）。

這些人又是怎麼找到自己真正想做的事？或者，這真的是他們真正想做的事嗎？

把「該做的事」變成「想做的事」

就我的觀察，對工作生活持正面積極態度、彷彿從事天職般的人，其實他們並不是因為找到自己想做的事而感到滿足，而是**把「應該要做的事」變成「自己想做的事」**；後者的滿足感遠比前者來得更多。

一所私立大學就業指導老師，曾對求職應屆畢業生說過一段畢業贈言：

「你們的學長姊畢業後進入社會就職，坦白說，只有極少數的人能從事自己喜歡的工作。不過，各位同學不需要因此感到沮喪，因為據我所知，其實許多人都不是做自己喜歡的工作，而是將工作變成自己喜歡的事，我希望各位同學記住這一點。」

我認為，這段話對職涯規畫，也相當適用。具體來說，就是「愛上自己的工作，把它當作天職」。

要把「該做的事」變成「想做的事」，以出人頭地為目標，無疑是最有效的方式。

然而，這並不代表可以隨心所欲或憑心情做事。更準確的說，是要確保自己能完成工作，並且按照計畫做出成果。

當然，並非每個人都能一帆風順。有些人會遇到小小的挫折（甚至重大失敗），但他們能從中汲取經驗、學到教訓。隨著經驗的累積與活用，最終仍能邁向成功。我認為，這正是正確的成長方式。

成功的關鍵之一，在於擁有一定程度的權限，這不僅能讓你取得更大成就，也是出人頭地的重要訣竅。

當你爬得越高，能獲得的資源也會越多。只要你能明確表達自己的想法

（工作上想要達成的目標），並獲得團隊的認同，就更容易將心中的想法化為現實，並從中獲得成就感。

不過，我的意思並不是，如果沒有特別想做的事，就以當主管為目標。更確切來說，應該是：「一邊摸索自己想做的事，一邊努力在工作上做出成果，當團隊共同獲得成就感時，你想做的事就會逐漸變得更加明確」。

或許我應該說，**出人頭地是「找到想做的事」的附加結果**。**所謂的職涯願景，有時並不是突然「我想做這個」，而是隨著時間與環境，從模糊漸漸變得清晰**。

這樣的職涯願景，最終也能轉化為領導者與團隊的共同願景。在前面的章節，我已經舉了不少相關例子。在接下來的章節中，我將分享實際案例，相信其中有許多值得深入探討的內容。

第八章

職涯最大危機：當你沒有新鮮的肝

原本堅持不想升遷的人，在理解出人頭地的真正意義後，往往能以全新的角度看待晉升。

在本章中，我將分享自己擔任高階主管教練時的實際案例。這五位領導者究竟是在什麼樣的契機與轉捩點下改變想法？以下內容，供各位讀者參考。

案例① 我覺得我不適合當主管……

我曾受託為某家公司的一位女性儲備幹部，進行高階主管教練指導。她的名字是青木佳子，目前已是率領數名部屬的課長。她處事進退得宜、不卑不亢，這點深受高層青睞，而且公司高層也對她寄予厚望，期望她能成為第一位女性部長。

在我的教練課程中，當然也包括了這方面的教育指導。第一次的指導課，也是我和青木的第一次面談，她很快就向我吐露了自己的煩惱。我並不意外，但沒想到她會直接說出來。

她坦言：「目前我擔任課長，坦白說壓力非常大，要是升任部長，肯定要肩負更重大的責任與壓力。老實說，如果可以的話，我真的很想推掉這個升遷機會。」

我努力克制住驚訝的表情，只是靜靜的聽她說。

青木繼續說道：「上司和長官一直鼓勵我升職，這些年以來，他們也很照顧我，所以我真的很難拒絕，也一直找不到辭謝的理由。」

青木說得一派輕鬆，但從她的語氣中，我能充分感受到她有多苦惱。這時，比起簡單回應「我知道了」，更重要的是透過整理並歸納，讓她知道我能真正了解她的處境。

我想，青木能明確說出「辭謝」、「不想成為部長」，背後一定有她的理由。她究竟在擔憂什麼？為什麼會感到不安？

我決定要好好聽她說下去。我相信，只要耐心傾聽、不否定，她一定會更坦承的表達內心想法。

「每次做決定，我都需要花費非常久的時間，連我自己都覺得這樣很糟，但我就是無法果斷下決定。」

她一邊說，一邊微微搖頭，看來她是真的深受困擾。

「前幾天，我對部屬下達了一些比較強硬的工作指示，但事後我一直在想，這樣真的好嗎？結果，越想越沮喪。我覺得自己好像不太適合擔任上位、發號施令的工作。」

我問：「關於這個狀況，妳能再具體說給我聽嗎？」

於是她緩緩道來。原來青木最煩惱的是，團隊裡尚未生育的女性成員，對目前正在育嬰留停的同仁很不滿，不願意分擔請假同事的工作。青木自己曾一邊育兒，一邊工作，也曾支援過其他同仁，因此能理解雙方的處境。但即便如此，她仍無可奈何。

「道理我都懂，育兒只是一時，這段時間撐過去就好，我應該勸還沒有小孩的同事多點體諒。但是，當我一想到那些來找我訴苦的同事心裡有多委屈，我就說不出口。」

從她的話語中，我能感受到，即使心情沉重，她仍盡職責，努力做出正確判斷並付諸行動。即便心力交瘁，她依舊選擇面對問題並積極處理。這樣的她，無疑是一位優秀的儲備幹部，也難怪公司對她寄予厚望，希望她能成為下一任部長。

只是，對當事人來說，這樣的期待或許是一種負擔。

「就算我現在是課長，我也常常懷疑，像我這樣把大小事放在心上、又容易受情緒影響的人，真的適合再繼續往上爬嗎？我真的有資格勝任更高階的管理職嗎？」

該公司對予青木的評價是：「我們已經肯定妳的表現，相信妳具備領導與管理能力，因此希望妳能挑戰更高的職位。」

然而，要回應這份期待，她得先學會下放權限，並將自己的時間與心力，轉移到不同層面的工作上。

所謂的部長或高層，必須預測五年、十年後的環境變化，提前布局、訂定明確的目標，並向相關人士解釋來龍去脈。更重要的是，要能鼓舞部屬，讓團隊願意共同努力。這與課長的職責有很大的不同。不過，或許青木真的有這方面的特質，也可能是公司高層想在青木身上賭一把。

在面談的最後，我對她說：「任何大小事都會放在心上，其實是妳的優點。正因為如此，妳的部屬才能感受到妳的溫暖、認同妳，並願意認真執行工作，而妳也能在關鍵時刻冷靜做出判斷，不是嗎？」

接著，我進一步強調：「我希望妳能保持這份特質，在未來路上繼續努力前進。」

如果一個人動不動就說「如果什麼事都要管，我早晚會累垮」、「這又不是我自己想做的」，成長的腳步就會停滯不前。

「正是因為妳願意承擔、從不逃避，才能獲得公司如此高的評價，並期待妳能做好準備，迎接下一個階段。」

青木沒有明確表態，但她點了點頭，並答應下次面談時，我們可以更深入討論這個議題。

【教練補充】

在過去，即便是具備領導潛力、才華出眾的優秀女性，也很少有機會能獲得升遷。這是因為以前的社會普遍會對女性貼上負面標籤，例如：「女人不可能當部長」、「她就不是那塊料」、「優柔寡斷，怎麼跟人做生意」等。

但，時至今日，像青木這樣既能顧慮他人感受、又能堅守原則的特質，反而成為她的一大優勢。

甚至，現在已有越來越多的企業意識到，具備這類領導風範的人，反而更能成為健全的領導者。

出人頭地，也意味著從此要踏入充滿挑戰和考驗的世界，這不僅僅需要與其他競爭者一較高下，還要有足夠的勇氣、毅力和決心，從這點來看，我完全能理解為何青木會感到沉重與焦慮。

然而，比起那些認為，反正大不了利用權限、逼迫部屬就範，一副一派輕鬆的人，我認為像青木這樣總是不停煩惱卻又不輕易放棄，即便辛苦也還是會堅持向前邁進的人，才能真正使公司變得強大，而在她手下工作的成員也一定會感到幸福。

一個月後，迎來我們的第二次面談，雖然只有一點點，但青木的想法已經悄悄改變。

案例② 因為不喜歡頂頭上司，所以不想升遷？

接下來，是某大型企業委託的案件，該公司要我為一名經營幹部候選人進行高階主管訓練，他叫做大藏英紀。

大藏以應屆畢業生身分進入公司，分發到業務單位後，業績表現亮眼，任職至今已超過十五年，現在的他是幹部候選人，手下還帶領了兩名部屬，公司也對他抱持相當大的期待。

據大藏本人表示：「我對管理職沒有興趣，我只想一直在第一線跑業務。」想當然，公司不可能會輕易同意。

能力越高的人，就應該要往更高的位置，如此公司才會變得強大。

公司方面希望大藏能改變想法，因此委託我培訓高階主管。雖然公司期望大藏以更高階的職位為目標，繼續向上發展，但當事人卻認為：「像我這樣的人，待在第一線才是對公司最有利的安排。我目前只想帶領小團隊，不想往上升。」他的態度很堅定，絲毫無退讓之意。

由於教練課程並不具強制性，但我仍須將上司或公司的意思斟酌傳達給當事人。因此，我並未直接否定大藏的想法。

在缺乏共識的情況下，該如何引導大藏說出內心深處的想法？該怎麼做，才能讓雙方都能滿意？這次的教練課程確實充滿挑戰。

「公司對你很期待，希望你能晉升。這件事你應該知道吧？」

大藏微微點了點頭，然後說道：「公司的人事命令，我當然只能接受，但如果能選擇，我認為與其讓我升上管理職，倒不如留在第一線，繼續為公司努力賺錢。」

公司當然可以無視大藏的意願，直接發布人事命令。

但是，像大藏這樣優秀的人才，公司還是希望他能真心願意接受升遷，否則，萬一他選擇離職，對公司才是一大損失。

「我看我們部長，他工作一點都不快樂。那個人應該就只想一路升官，除此之外沒別的了，對吧？他所做的決策、下達的方針，全都是為了他自己著想。我實在不想變成這樣的人，這些話我只有在這裡才敢說……。」

大藏表示，自己的頂頭上司滿腦子只想升官，完全沒有為公司或團隊成員著想。

「我不喜歡部長的作風，完全不想跟他扯上關係。我只想做我自己，用我的方式好好帶領、管理團隊，這方面我一定會更加努力……。」

如果大藏升上課長，他將與自己不合的部長站在同一陣線，執行對那些本來就讓他反感的指示與命令，這讓他感覺自己成了共犯。顯然，這就是他拒絕晉升的最大原因。

「您理想中的上司，應該是什麼模樣？」我換個問題，心想如果能讓大藏心中理想上司的形象更加具體，應該就有機會和他深談。不論他最後的結論是什麼，我都願意支持他。

「我並沒有認真想過，但我想應該是個受人尊敬的人吧。」

大藏認為上司應就該是個值得讓部屬尊敬的存在。因此，他也強烈希望自己的上司具備這樣的特質。

在接下來的討論中，大藏也坦承：「我想要在值得尊敬的人底下工作，也希望自己做出成果時，能對上司有所貢獻。」

大藏之所以會一直堅持婉拒晉升，其中一個原因，就是他無法尊敬現在的上司。

光是釐清這一點，這次的教練課程就已經有了很大的收穫。

【教練補充】

工作態度越認真的人，越會追求理想的上司。

但上司也只是個人，這世界不存在十全十美的人類。或許應該說，與上司的相處就像是截長補短、互相合作。不過，也是有些人像大藏這樣擁有強烈的正義感，需要與上司保持距離。

如果你不喜歡你的上司，你更應該要追求出人頭地。

另一方面，即便你喜愛並尊敬上司，感謝他對你的提拔，但是到了職涯的某個階段，你仍需要超越對方。

切記，深藏不露並無法讓你爬得更高、走得更遠。

你可以換個角度想：過去是我默默輔佐，幫助你晉升，現在我的付出已經夠多了，是時候果斷切割。當你超越上司後，便能以上位者的身分給予支援——儘管時機很難掌握。

讓我們回到大藏的故事。

對於無法尊敬上司的大藏來說，若能鼓勵他超越上司（只要他願意），他或許就可以接受了吧。

反過來說，在時機成熟前，他也可以**假裝自己很尊敬上司，再好好利用上司的資源，為自己的發展鋪路**。

遵從並同時引導、向上司展現你的領導能力，這兩項技巧雖然難度很高，但我認為對大藏來說完全沒問題，我希望他能成為真正的領導者。當大藏晉升到更高的位置，他就可以盡情展現自己的風格，兼具公司利益與員工福祉。在之後的教練課程中，我與大藏花了不少時間深入討論。

「我無法尊敬我的上司。」只為了這樣的理由捨棄自己的可能性，實在是太可惜了。

上司也只不過是個上班族，不是神。我與大藏重新定義，上司可以是助你出人頭地的推動力、可以是你的貴人，也可以只是你職涯中的過客，端看你如何「利用」。

案例③ 工作能力很強，但沒有努力的目標……

內川有兩個已經上小學的孩子，她身兼育兒與工作，是一位職業媽媽。她在應屆畢業後就入社，經歷過兩次的產假及育嬰假，目前擔任資深經理，帶領三位部屬，專責處理法務相關工作。

我與她進行高階主管教練課程已超過三個月，某天她突然對我說：「我有一個好消息。」

「那真是太棒了！」

聽到她這麼說，我的聲音也忍不住高亢了起來。

就在前天，執行董事對內川說，公司打算安排她派駐歐洲，期待未來她回歸日本之後，可以善用她在歐洲學到的經驗率領新團隊。

「派駐時間的長短，有定案了嗎？」

「聽說粗估三年。」

「到歐洲之後，主要負責什麼樣的工作？」

「目前我所負責的相關領域中，新制定的法規已在歐洲實施。公司希望我前往當地學習並累積經驗，為未來新法規導入日本時做好準備，這就是我的任務。在歐洲，我將帶領部門團隊來處理這些工作。」

「這是非常難得的經驗，真是太棒了。」

內川的臉上雖然掛著笑容，但心中仍有擔憂。例如，孩子與丈夫能好好維持日常生活嗎？

「這部分我也會擔心，但我現在最煩惱的是，回來日本之後，我在公司的位置。」

「負責領導新系統，對吧？」

教練課程的目的越來越明確，但內川的想法似乎和我有所出入。

「自進公司以來，我一直都是從事法務相關工作，也累積了相當多的專業知識與經驗，未來我也希望繼續努力耕耘。但，如果成為部門主管，勢必也得統領商務、業績。可是，我並不具備商業方面的知識，我認為這與我的職涯目標不太符合。」

內川深受公司內部的信賴，她不僅擁有豐富的知識，還能精準掌握部屬的狀況，並以對方容易理解的方式給予回饋。在高度專業的領域中，她能兼具指導能力，實屬難得。

作為一名執業專業人士，內川目前已能獨當一面，因此對於陌生的管理職領域興趣不大似乎也不意外。

「到海外工作一直都是我的夢想，但一想到得離開第一線，這讓我感到有些不捨，所以我現在很煩惱。」

我詢問內川，執行董事是否有提出建議，她表示：「董事說，既然我目前正在上教練課程，就趁這個機會好好思考自己的未來規畫，之後再做決定就可以了。」

也就是說，董事長希望內川先思考自己未來想要成為什麼樣的人，並深思熟慮，讓想法更加清晰且明確。

事實上，因管理職責的增加而猶豫，這樣的人很多。若被問「為什麼想要往上爬」，很多人也會感到困惑。以內川來說，她可能只是單純想，因為剛好有外派海外的機會，所以想嘗試看看。

於是，我請內川回顧自己的職涯，思考這一路走來，在工作上得到的回饋與成就感。

如我所料，內川分享了非常多的經驗，也坦承了一些遺憾。正因為如此，她反而認為這些經歷與工作關聯性不高，這正是她躊躇的原因。

「所謂的目標或未來藍圖真的有這麼重要嗎？」

這問題非常直搗核心。確實，就算沒有具體目標或未來藍圖，一樣可以在工作上做出成果，也有一部分的人，只要把眼前的分內工作做好，便感到心滿意足。

我們就這樣持續面談了兩、三次，而距離正式回覆是否接受海外派駐的日子也越來越近。

內川究竟會做出什麼樣的回應？

數日之後，在教練課程上，內川就立刻向我報告了。

「我已經下定決心了。為了什麼而努力、是不是真的想做，這些我已經慢慢找到方向。」

她的聲音聽起來有點雀躍。

「最近，我透過公司內部的指導制度（Mentor System），有機會與其他部門的年輕職員對話。很多女性員工表示，她們對我的工作及職涯非常感興趣，很想進一步了解。」

在日本，職業媽媽目前還是少數，對於年輕女性職員來說，像內川這樣兼顧育兒與工作的人，是非常具有參考價值的對象。

看來，在不知不覺中，內川已是年輕職員的榜樣。

「有些人對我說，我在工作上並不是個強勢作風的人，這正是我的優點。雖然心情有點複雜，但我感到很開心。

「我並沒有特別厲害，就算擔任課長職務，我也常覺得自己沒有做好管理職的工作。即便如此，還是有人向我請教許多問題，而我也只是基於職責回應。能收到這麼多感謝，坦白說，這是我第一次有這樣的經驗。

「像我這樣的普通人，如果可以變成後輩的榜樣，我會覺得很光榮。我決定接受挑戰，無論是海外派駐，或是回到日本負責領導團隊，我都想為他人帶來勇氣。」

【教練補充】

我認為內川的決定非常正確。如果只想著要為自己努力，那麼很快就會燃燒殆盡，但為了某人而努力，這份心意卻可以持續很久。就像內川這樣，要為年輕後輩開拓道路，也是回饋公司的一種方式。

我也非常佩服給予內川建議的那位董事。他不是強硬命令「反正這對妳沒有壞處，妳接受就是了」，而是建議她「重新思考自己是為了什麼而努力」。

我堅信，為自己的目標注入靈魂，全力投入工作，當自己的使命感越來越明確，夢想也會隨之成長，為生命帶來更積極的力量。

案例④ 很喜歡這份工作，但不想升遷……

我參加了某公司的一場職涯博覽會。

該活動由四位部長引導，透過學術研討會的形式，與年輕職員們分享心路歷程、職涯轉折點，以及工作經歷等，我則是以外部業者的身分，協調活動順利進行。

活動採自由入場，或許是因為許多上班族對職涯感到徬徨，希望能從前輩們身上獲得一些啟發，會場從一開始就座無虛席。這樣的人比想像中的多，但這也正是舉辦這場活動的意義所在。

其中，有一位女性幹部叫結城千尋。

大多數女性職員通常會擔任人事或總務相關工作，但結城很特別，從一開始就投身於銷售領域，現在已是負責銷售業務的高階幹部。

參加活動的人事前已填寫問卷調查，各個引導員會根據參加者的提問，以小組形式進行討論。

「請問結城是從什麼時候開始想成為幹部？還是從一開始就以成為幹部為目標？」

對於這個問題，結城沒有絲毫不悅。

「其實，我從未想過爭取升遷，是到了某個年紀之後才改變想法。」

這出乎預料的回答，讓會場掀起了一陣騷動。

「我一直以促進團隊成長為目標，滿腦子想的都是如何爭取機會，讓大家獲得成就感，而不是個人升遷。」

「那麼，妳是自然而然當上幹部的嗎？」

結城對我點了點頭，繼續說道：「我一直從事銷售工作。年輕時，按照上司的指示，我不斷的努力學習，從中獲益良多，對此我非常感謝。這些經歷讓我深刻感受到，工作確實能讓人成長茁壯。因此，我也希望自己能與客戶建立良好的關係，並帶領團隊做出成果。這就是我回饋公司的方式。」

「所以妳這一路走來，都很順利嗎？」

「隨著工作表現的提升，升遷機會自然隨之而來。雖然獲得晉升是件值得開心的事，但當時的我只覺得反感，甚至很苦惱。別人對我說『妳真努力』倒是還好，但如果聽到『妳真的很熱愛工作』，這種看似說者無心的話，反而讓我很受傷。」

「那麼，妳是什麼時候找到轉機的？」

「我並不是因為某個契機或事件而突然改變。只是，我發現自己想要為團隊爭取更多、更好的工作機會，而唯有提升職位、擴大決策範圍，才能實現這個目標。當我意識到晉升能讓我實現自己真正想做的事，我感到非常開心。」

「看來妳沒有任何猶豫！」

【教練補充】

活動結束後，結城還表示：「在工作與生活之間取得平衡，對所有員工包括男性，都很重要。我不認為所有人都應該要以工作為優先。」

她繼續說道：「以我自己帶小孩的經驗，我認為工作與生活要取得平衡的關鍵並不是時間管理，而是專注力。在工作時，要百分百專注於工作，陪小孩時也要百分百專注。這種狀態才是最理想的。」

這番話讓我了解到，結城之所以能擁有現在的成就，不是因為她犧牲了生活，而是**她努力創造可以專注工作的環境**，也因此才能達成更遠大的目標。

會場中不只年輕後輩，所有人都認真傾聽結城的分享，這光景讓我留下深刻的印象。

案例⑤　我不想成為討人厭的上司

某間顧問諮詢公司的客戶委託我，要為他們未來的合夥人（該公司最高職位）進行高階主管教練課程。這位人士叫做田代榮一。

田代在五年前轉職進入這間公司。在此之前，他畢業後便進入前公司，一待就是十年，同樣從事顧問諮詢工作。

去年，田代晉升為資深經理，今年更被看好成為未來的合夥人，因此公司希望我能幫助他為新職位做好準備。

接下課程後，我馬上就訪談了他的上司，確認公司對他的期待——減少參與專案的時間。因此，一開始，我就把話說開。

「是的。我在考核面談時，也被上司指出了同樣的問題。如果不能減少參與專案的時間，我就無法提升收益，也無法獲得晉升。這點我很清楚，但是，比起勉強自己接受挑戰，我更想維持目前資深經理的位置。」

雖然田代沒有表現出拒絕或不想接受的態度，但看來他並沒有很想升遷。

既然這次的教練課程是由公司出資，我當然必須以滿足公司的期待為前提。但是，我又不能強迫田代。

另一方面，我也不能只是默默傾聽田代的訴求（想維持現狀）。除了解決客戶當前的問題，有時也要協助客戶提升認知，並為他創造更大的舞臺。

「我好奇問一下，你在之前的公司，也是親自投入所有專案工作嗎？這是你前公司的工作風氣嗎？」

「每個人的工作風格都不太一樣，我自己從以前就是凡事親力親為。」

在管理專案時，有些經理是開口下令、不在第一線，也能做出成果；也有些經理則是親自投入第一線、確保工作成果。

很明顯田代是後者，他本人也認同。

我直接詢問田代：「如果不減少親自投入的時間就無法晉升，當你聽到上司這麼說，你自己是怎麼想的？」我希望能引導田代說出真心話。

「我其實願意慢慢改變，但前提是以我自己的步調。如果這部分無法得到上司的認可，我覺得我可能不太適合當合夥人。目前，我還不想完全退出第一線工作。」

我們沒有繼續往下討論，而是聊聊他在前公司做過哪些工作。我以為田代的想法不會改變，沒想到，經過幾次的教練課程後，他說出了令我感到非常意外的話。

「要我從專案工作之中抽身，我很害怕……。」

為什麼會感到害怕？我請田代再說得更清楚一點，結果他說：「我害怕被裁員……。」

「我知道自己有很多問題。前幾天，我想了很多，最後我得出的結論是：我之所以不想從實際作業中抽身，是因為我害怕被裁員。」

當一個人願意吐露心聲，回顧自己過往的經歷與感受，內心深處的潛意識也會逐漸浮現。這正是我所期待看到的。

「前公司業績大幅下滑時，很多人都被公司裁員了。某種程度來說，這也是無可奈何，但就連我非常尊敬的上司竟然也被裁員，這讓我非常震驚。也就是從那時起，我認為還是要有自己的專業。雖然至今已過了十年多……。」

想出人頭地，但也害怕裁員，這兩者都是他的真實心聲。我告訴田代，能將自己的茫然與不安誠實的說出口，這是非常大的進步。過了一陣子之後，田代給了我以下回應。

「我確實非常害怕裁員，為了避免這件事發生在自己身上，我曾認為保持自己的專業是唯一的方法。但是透過教練課程，我開始思考真的是這樣嗎？真的沒有其他方法嗎？」

「你是為了保護自己，拚命磨練自己的專業，才能有今天的成就。我認為，你大可以對自己感到自豪，這點毋庸置疑。」

田代聽了我的話後點了點頭，繼續說道：「維持現狀就等於沒有進步，所以我想成為一個勇敢挑戰新事物的人。從現在開始，我想結合自己及其他成員的專業能力，共同創造出成果，並為提高團隊價值做出貢獻，我決定要接下這個職務。」

【教練補充】

在這個案例中，身為指導教練的我也獲得了很大的啟示。那就是，當你了解到潛藏在自己想法背後的原因、一切都會有所改變。田代回顧過去在顧問諮詢公司的經驗，將當時的心情化為文字並具體說出來，這也成了改變的契機。

雖然多花了一點時間，但我非常慶幸當初沒有將上司的期望強壓在田代身上。我再一次深刻認識到，探索輔導對象的想法與價值觀、分析其行為背後的因素有多麼重要。

後記
除了薪水之外，晉升的最大好處

非常感謝各位讀者閱讀到最後。

如果在閱讀本書之後，可以讓更多人決定要以晉升為職涯目標，我將深感榮幸。

同時，我也期望大家能兼顧工作與生活。

我在書中再三強調，晉升不只是為了公司，也是為了與你在同個環境工作的夥伴，更是為了你自己。

為什麼出人頭地是為了自己？

當然是因為你的職涯將變得更加充實，別無其他。

除非你是孤身一人待在無人島，否則所謂的職涯，無法僅憑一己之力就能有所成就。

在耕耘職涯的路上，外界的支援至關重要。

舉例來說，如果你身邊有人說「我將來想成為人事專家」，你會怎麼回應或提供意見？

除非你是他的家人，不然頂多就是敷衍回應一句「加油」而已。

但是，如果對方換個說法：

「我的目標是，充分應用人事相關經驗，幫助那些具備領導潛力的人成長，並對公司的發展做出貢獻。如果有領導者面臨困擾，我希望能夠伸出援手，協助他們克服挑戰。這些擁有領導特質的人一旦成功，員工也會變得充滿活力並獲得成就感。當員工能安心工作，員工的成就即是公司的成就。這一直是我想要努力達成的社會貢獻。」

聽到這番話，你應該會產生共鳴，同時也會想著自己能否幫上對方，說不定還能拋磚引玉。

在組織中出人頭地，代表你可以透過眾人之力，提高實現夢想的可能性。而幫助你完成夢想的夥伴，就是你所率領的團隊。

吉卜力工作室動畫電影導演宮崎駿曾說過以下這段話：

「我一直認為向孩子傳達『這個世界充滿各種有趣的事物』這個信念，是我工作的核心價值，這點從以前到現在都沒有改變。」

這不僅僅是宮崎駿的夢想，同時也是他向全世界所有願意支持他的人發出的「邀請」。

我相信，宮崎駿也是人，不可能完全沒有賺錢或謀取名利這類的想法。然而，光是說「等賺到錢之後，我會給你們豐厚的獎勵」，這樣的話根本無法打動任何人，更不可能吸引其他人加入。

換句話說，想要對世界有所貢獻的願景，才能真正打動人心。

我誠摯鼓勵大家，多多傳達自己對於工作上的夢想（尤其是想要帶領團隊一起完成的事）。

另一方面，誠如本書所述，**爭取出人頭地其實壓力非常大。若以損益的角度來看，短期內明顯都是「損失」**。

不論是投資報酬率，還是時間效率，實在稱不上是良好效益。

但是，在這個過程中，你所獲得的一切，都將成為你未來的財產。

當然，我並不是說，只要閱讀並實踐書中的內容，每個人都能出人頭地。但我相信，這些奮鬥與挑戰，將成為你人生中的寶貴經歷。

累積越多美好的經驗，你將能獲得更多、更好的機會，不論最後結果如何，這過程都會帶來深刻的感動。

我常聽到有人說，接受晉升就等於成為資方利用的棋子。但我認為，這與利用或被利用並無直接關聯。晉升其實意味著，**你可以減少受他人指使的職涯比重，並以掌控自己職涯為目標**。

我希望大家都能以出人頭地為目標，並累積寶貴的經驗。

一旦設定目標，挑戰必將接踵而至，當然，失敗也可能隨之而來。但這些失敗，將成為你人生中最珍貴的醍醐味。

國家圖書館出版品預行編目（CIP）資料

當你沒有新鮮的肝——不當主管你會更累：怕累、怕煩、不想扛責？35 年資歷的人資主管分享，為何你在 45 歲前，該逼自己當個清、濁二刀流主管！／鳥谷陽一著；黃怡菁譯 . -- 初版 . -- 臺北市：大是文化有限公司，2025.05

224 面；14.8×21 公分 .--（Think；294）

譯自：出世のお作法 45 歲からの「清」「濁」二刀流リーダーシップ

ISBN 978-626-7648-21-6（平裝）

1. CST：職場成功法　2. CST：領導者　3. CST：組織管理

494.35　　114001003

Think 294

當你沒有新鮮的肝——不當主管你會更累

怕累、怕煩、不想扛責？35 年資歷的人資主管分享，為何你在 45 歲前，該逼自己當個清、濁二刀流主管！

作　　者／鳥谷陽一
譯　　者／黃怡菁
校對編輯／張庭嘉
副 主 編／黃凱琪
副總編輯／顏惠君
總 編 輯／吳依瑋
發 行 人／徐仲秋
會計部｜主辦會計／許鳳雪、助理／李秀娟
版權部｜經理／郝麗珍、主任／劉宗德
行銷業務部｜業務經理／留婉茹、專員／馬絮盈、助理／連玉
　　　　　　行銷企劃／黃于晴、美術設計／林祐豐
行銷、業務與網路書店總監／林裕安
總 經 理／陳絜吾

出 版 者／大是文化有限公司
臺北市 100 衡陽路 7 號 8 樓
編輯部電話：（02）23757911
購書相關諮詢請洽：（02）23757911 分機 122
24 小時讀者服務傳真：（02）23756999
讀者服務 E-mail：dscsms28@gmail.com
郵政劃撥帳號：19983366　戶名：大是文化有限公司

香港發行／豐達出版發行有限公司 Rich Publishing & Distribution Ltd
地址：香港柴灣永泰道 70 號柴灣工業城第 2 期 1805 室
Unit 1805, Ph.2, Chai Wan Ind City, 70 Wing Tai Rd, Chai Wan, Hong Kong
電話：21726513　傳真：21724355　E-mail：cary@subseasy.com.hk

封面設計／ FE 設計　內頁排版／王信中
印　　刷／鴻霖印刷傳媒股份有限公司

出版日期／ 2025 年 5 月　初版
定　　價／新臺幣 399 元（缺頁或裝訂錯誤的書，請寄回更換）
I S B N ／ 978-626-7648-21-6
電子書 ISBN ／ 9786267648193（PDF）
　　　　　　　9786267648209（EPUB）